新 개정에 따른
한국 야생 버섯 도감

新 개정에 따른 **한국 야생 버섯 도감**

2022년 3월 1일 1쇄 발행
2024년 1월 30일 2쇄 발행

저   자 | 석순자 지음
발 행 인 | 이규인
발 행 처 | 도서출판 창
교   정 | 이은우
편   집 | 정종덕·뭉클
등록번호 | 제15-454호
등록일자 | 2004년 3월 25일
주   소 | 서울특별시 마포구 대흥로4길 49, 1층(용강동 월명빌딩)
전   화 | (02) 322-2686, 2687   팩시밀리 | (02) 326-3218
e - m a i l | changbook1@hanmail.net

ISBN : 978-89-7453-482-0 (13480)
정가 46,000원

ⓒ 도서출판 창

新 개정에 따른
한국 야생 버섯 도감

석순자 박사 지음

창
Chang
Books

버섯에 대한 모든 것을 정리한 버섯 백과사전인 동시에 버섯 도감

우리나라는 봄, 여름, 가을, 겨울이라는 사계절의 기상 변화가 뚜렷한 나라로, 자연의 풍광 또한 다채로워 언제나 산과 들의 아름다움을 감상할 수 있습니다. 이처럼 자연적인 조건이 다양한 만큼 전국의 산이나 들, 우리가 생활하는 주변 가까이에 이름 모를 수많은 꽃과 약초들이 피었다가 지고 다시 피어나기를 반복합니다. 버섯 또한 우리 산과 들에 참으로 다양한 종류의 것들이 자라나고 있는데, 대략 종류는 몇 가지나 되고, 그 가운데 먹을 수 있는 버섯은 또 얼마나 되는지 누구나 한 번쯤은 궁금하였을 것입니다.

한반도에 자생하는 버섯은 정확히는 알 수 없지만 약 5,000여 종으로 추정되며, 현재까지 1,600여 종이 보고되어 있습니다. 그중에서 식용 가능한 버섯은 350여 종, 독버섯은 90여 종으로 알려져 있습니다. 지역에 따라 다소 차이는 있지만 예로부터 전해 내려오는 우리나라의 대표적인 식용버섯은 송이, 갓버섯, 싸리버섯, 달걀버섯, 꾀꼬리버섯, 밤버섯, 목이, 능이 등 20~30여 종입니다.

자원이 풍부한 천혜의 자연조건을 활용하여 영양 만점의 밥상을 차리고 건강을 지켜온 우리 조상들은 생활 속에서 약식동원(藥食同源)을 실천하고 그런 삶의 지혜를 대대손손 전해왔습니다. 특히 자연이 선물한 '만능식품'으로 알려진 식용버섯, 그중에서도 '제1 능이, 제2 표고, 제3 송이'라는 말이 있습니다. 이는 조상들에게서 대대로 전해 내려올 만큼 버섯이 지닌 기능적인 가치와 맛 그리고 향을 중시하였습니다.

제1 능이(일명 향버섯)는 독특한 향을 지니고 있으며 장기간 보관이 가능하고, 약이 귀한 시절에 약(藥) 대용으로 사용하였습니다. 제2 표고는 건조시 장기간 보존할 수 있고 조직의 맛과 향이 생버섯보다 뛰어나며, 항바이러스 등의 효과가 있는 것으로 밝혀졌습니다. 제3 송이는 향은 으뜸이나 그 향이 오래가지 못하고 장기간 보존이 어려워 신선할 때 먹어야 하는 단점이 있습니다. 그러나 현대에 들어와서 사람들은 버섯의 가격에 따라 '제1 송이, 제2 능이, 제3 표고'라 말하기도 합니다.

인공적인 요소를 첨가하지 않은 자연의 산물 그대로를 식재료로 사용한 것들이 사람 몸에 얼마나 이로운지에 대해 다양한 실험 연구 사례들이 발표되고 있습니다. 특히 식용버섯과 약용버섯에 관한 최근의 연구 결과에서 버섯에는 항종양과 면역조절 물질이 함유되어 있다는 사실이 밝혀졌습니다. 뿐만 아니라 노화 억제, 신체리듬 조절, 성인병 예방, 항암 작용 등의 효능이 있는 것으로 밝혀져 주목받고 있습니다.

이처럼 버섯이 기능성 식품으로서 탁월한 효능을 발휘하는 것으로 밝혀지면서 건강 기능성 식품으로 널리 사용되고 있으나, 그만큼 독버섯 중독사고도 빈번히 발생하고 있습니다. 이는 야생 버섯에 대한 올바른 지식이 없는 일반인들이 근거 없는 속설과 잘못된 구별법으로 버섯의 식용인지 독버섯인지를 판단하여 채취하기 때문입니다.

이 책에서는 우리나라 산과 들 및 생활하는 주변에 가까이에 자생하는 180 종의 대표적인 식용 및 약용버섯, 독버섯을 총망라해 놓았습니다. 버섯의 특징을 기술하고 버섯별로 나타나는 다채로운 형태의 사진을 상세히 수록하여 버섯 백과사전 겸 버섯 도감으로 활용토록 하였습니다.

　특히 버섯은 생장과정에 따라 변화가 심하여 일반인들이 그 모양을 보고 쉽게 식별하기가 어려운 점을 감안하여 생장 시기별, 서식지별로 나타나는 특징을 사진으로 담아 시각적으로 확인할 수 있도록 하였습니다. 또한 유사 버섯별로 비교함은 물론 각각의 식용버섯과 독버섯을 식별할 수 있도록 가급적 다양한 형태의 사진을 수록하였으며 부록으로 버섯 구조 및 용어 설명을 담았습니다.

　끝으로, 우리나라 산야에 자생하는 전체 식용버섯과 독버섯을 모두 다루지 못한 미진함이 있지만 앞으로 보다 더 노력하고 조사하여 알차고 충실한 야생버섯 백과사전을 만들 것을 약속드립니다. 국내의 버섯 연구 및 산업에 종사하는 많은 전문 연구자와 학생들, 버섯에 관심이 많은 일반인에게 이 책이 작은 도움이 되기를 바랍니다.

2022년 2월　석순자

→ 본문은 버섯 한국명의 가나다순으로 구성되어 있다.

→ 대한민국에 자생하는 버섯들로 버섯 항목마다 학명, 형태적 특징, 발생 시기 및 장소, 식용 가능 여부, 분포, 참고할 내용을 최대한 수록하고 있다.

→ 버섯명은 식용, **약용**, 독, 중독, **불명 버섯** 5가지로 구분하여 표시하였다.

→ 버섯 사진은 생장과정에 따라 변화가 심하여 식별하기가 어려운 점을 감안하여 되도록 다양한 형태의 사진을 수록하고자 하였으며, 갓 위 또는 자실층을 위주로 촬영한 사진과 갓 밑부분에서 촬영한 사진을 각각 수록하도록 노력하였다.

→ 어려운 과학 용어나 한자어는 가능한 한 쉬운 우리말로 풀어 쉽게 설명하고자 하였다.

→ 버섯 구조에 관한 용어 및 용어 설명 등을 여러 자료집에서 발취하여 수록하였다.

→ 분류체계는 Index fungorum에서 정리한 웹 DB를 기준으로 정리하였다. 학명은 위의 웹 DB에서 정명으로 정한 것을 인용하였다. 한국명은 한국균학회에서 발간한 한국의 버섯 목록(2013)을 인용하였으며 속명, 과명 등이 잘못되었거나 없는 그룹은 신칭 또는 개칭을 하였다.

차 례

▣ **머리말** · 004

▣ **일러두기** · 007

▣ **버섯의 일반적인 특성** · 022

▣ **버섯의 생활사** · 024

▣ **버섯 구조에 관한 용어** · 026

식용버섯

ㄱ

개암버섯 · 032

고무버섯 · 036

국수버섯 · 038

굽은꽃애기버섯 · 040

귀신그물버섯 · 042

금무당버섯 · 046

기와버섯 · 048

긴꼬리버섯 · 052

까치버섯 · 056

꽃흰목이 · 058

꾀꼬리버섯 · 060

ㄴ

냉이무당버섯 · 062

너도벚꽃버섯 · 064

노란난버섯 · 068

노란달걀버섯 · 070

노란망말뚝버섯 · 074

노랑느타리 · 076

노루궁뎅이 · 078

느타리 · 082

ㄷ

다발방패버섯 · 086

달걀버섯 · 090

대공그물버섯 · 094

들주발버섯 · 096

땅찌만가닥버섯 · 098

ㅁ

말뚝버섯 · 102

말불버섯 · 106

말징버섯 · 110

망태말뚝버섯 · 112

명아주개떡버섯 · 114

목이 · 116

밀꽃애기버섯 · 118

ㅂ

배젖버섯 · 122

버터철쭉버섯 · 124

볏싸리버섯 · 128

부채버섯 · 130

분홍느타리 · 132

붉은창싸리버섯 · 136

빨간난버섯 · 138

뿔나팔버섯 · 140

ㅅ

새벽꽃버섯 · 144

색시졸각버섯 · 148

세발버섯 · 152

송이 · 154

싸리버섯 · 158

ㅇ

애기볏짚버섯 · 160

양송이 · 164

잎새버섯 · 164

ㅈ

자주방망이버섯아재비 · 170

작은맛솔방울버섯 · 174

적색신그물버섯 · 178

접시그물버섯 · 180

족제비눈물버섯 · 184

졸각버섯 · 188

주름버섯 · 192

주름볏싸리버섯 · 196

ㅊ

참낭피버섯 · 198

참부채버섯 · 202

찹쌀떡버섯 · 206

ㅋ

큰갓버섯 · 208

큰낙엽버섯 · 210

큰눈물버섯 · 212

ㅌ

털목이 · 216

ㅍ

팽나무버섯 · 218

표고 · 222

풀버섯 · 226

ㅎ

황그물버섯 · 228

황소비단그물버섯 · 232

흰둘레그물버섯 · 236

약용버섯

ㄱ

간버섯 · 242

간송편버섯 · 246

구름송편버섯 · 250

꽃송이버섯 · 254

ㄴ

나방꽃동충하초 · 256

노린재포식동충하초 · 260

ㄷ

단색털구름버섯 · 262

동충하초 · 264

ㅁ

말굽버섯 · 266

먼지버섯 · 268

목도리방귀버섯 · 270

목질열대구멍버섯 · 272

ㅂ

벌포식동충하초 · 274

불로초 · 276

ㅅ

산호침버섯 · 280

손등버섯 · 282

ㅇ

아까시환구멍버섯 · 284

옷솔버섯 · 288

ㅈ

자작나무시루뻔버섯 · 292

잔나비버섯 · 294

잔나비불로초 · 296

좀주름찻잔버섯 · 300

ㅎ

한입버섯 · 302

독버섯

ㄱ

갈색고리버섯 · 306

갈황색미치광이버섯 · 309

갓그물버섯 · 312

개나리광대버섯 · 316

검은띠말똥버섯 · 320

검은말그물버섯 · 324

고동색광대버섯 · 328

금관버섯 · 330

긴골광대버섯아재비 · 332

깔때기버섯 · 336

ㄴ

노란개암버섯 · 340

노란젖버섯 · 344

노랑싸리버섯 · 348

ㄷ

달화경버섯 · 350

독우산광대버섯 · 352

독흰갈대버섯 · 356

땅비늘버섯 · 360

ㅁ

마귀곰보버섯 · 364

마귀광대버섯 · 368

맑은애주름버섯 · 372

무당버섯 · 374

미치광이버섯 · 378

ㅂ

뱀껍질광대버섯 · 382

붉은사슴버섯 · 386

붉은싸리버섯 · 390

비탈광대버섯 · 394

ㅅ

삿갓외대버섯 · 398

소나무능이 · 402

ㅇ

암회색광대버섯아재비 · 404

애기무당버섯 · 408

어리알버섯 · 412

오징어새주둥이버섯 · 414

원반버섯 · 418

ㅈ

자주색싸리버섯 · 422

절구무당버섯아재비 · 426

점박이어리알버섯 · 430

젖버섯 · 434

진갈색주름버섯 · 436

ㅋ

큰우산광대버섯 · 440

ㅌ

턱받이광대버섯 · 444

ㅍ

파리버섯 · 448

푸른끈적버섯 · 452

ㅎ

황금싸리버섯 · 454

회색두엄먹물버섯 · 456

흙무당버섯 · 460

흰가시광대버섯 · 464

흰갈대버섯 · 468

흰꼭지외대버섯 · 470

흰오뚜기광대버섯 · 472

중독버섯

ㄱ

갈변흰무당버섯 · 478

검은비늘버섯 · 480

곰보버섯 · 483

ㄴ

넓은큰솔버섯 · 486

능이 · 488

ㅁ

먹물버섯 · 492

ㅂ

붉은덕다리버섯 · 496　　비늘버섯 · 498

비늘새갓버섯 · 502

뽕나무버섯 · 506

ㅈ

절구무당버섯 · 510

좀벌집구멍장이버섯 · 512

불명버섯

ㄱ

가랑잎꽃애기버섯 · 516

갈색꽃구름버섯 · 520

고깔갈색먹물버섯 · 523

고리갈색깔대기버섯 · 526

귀버섯 · 528

ㄴ

노란각시버섯 · 530

18

노랑무당버섯 · 534

ㄷ

당귀젖버섯 · 536

덧부치버섯 · 538

ㅂ

복분자버섯 · 542

붉은말뚝버섯 · 544

ㅅ

살쾡이버섯 · 548

삼색도장버섯 · 550

솔방울털버섯 · 554

신알광대버섯 · 556

ㅇ

용종버섯 · 560

이끼버섯 · 562

ㅈ

장미자색구멍버섯 · 566

접시버섯 · 568

제주쓴맛그물버섯 · 570

좀노란뱀그물버섯 · 574

종버섯 · 576

찐빵버섯 · 578

ㅊ

치마버섯 · 581

ㅋ

콩버섯 · 585

ㅌ

털가죽버섯 · 588

톱니겨우살이버섯 · 591

ㅎ

흰애주름버섯 · 594

부 록

�ા **버섯 용어 해설** · 598

◈ **학명 찾아보기** · 606

◈ **한국명 찾아보기** · 613

◈ **참고문헌** · 616

新 개정에 따른
한국 야생 버섯 도감

버섯의 일반적인 특성

 균류의 특성

　균류(fungi)는 진핵생물의 하나로, 효모와 곰팡이, 버섯 등이 포함되며, 진균류(true fungi)라고 부르기도 한다. 균류 세포는 핵막이 있으며 일반적으로 세포벽이 식물과 달리 키틴으로 구성되어 있고, 엽록소 등과 같은 동화색소(광합성을 하는 생물에서 햇빛을 흡수하는 여러 가지 색소)가 없는 점이 특징이다. 따라서 고등식물처럼 광합성을 하여 스스로 양분을 만들지 못하므로 다른 생물체나 유기물에 기생 또는 부생을 한다.

　주로 동식물이 만든 유기물에 의존하여 영양분을 흡수하는 형태로 살아간다. 이런 균류는 생태계 내에서 초·목본류의 리그닌과 셀룰로오스를 분해하고 대기 중으로 이산화탄소와 물을 내보낸다. 이들의 생활사는 유성포자가 발아하여, 기질 내에서 생장 상태를 거쳐 다시 원래의 포자 형성을 하는 과정을 말하는데, 반드시 규칙적인 생활사를 거치지는 않는다.

　포자는 운동성이 없으므로 바람이나 비, 곤충의 소화기에 의하여 전파된다. 균류는 단시간에 많은 양의 포자를 형성하고, 공중·수중·땅속 등 어느 곳에나 부착한 후 환경조건이 알맞

▲ 헌구두솔버섯의 균사체

▲ 자갈버섯의 자실체

으면 발아하여 균사를 뻗어 살아간다.

균류 중 버섯(mushroom)은 곰팡이의 번식체인 유성포자를 가지는 자실체를 말한다. 즉 균류 중에서 영양생장세대에 균사체(hyphae)로 살아가다가 생식생장세대(유성세대)에서 자실체(버섯)를 만드는 곰팡이를 버섯이라고 부른다. 그래서 버섯은 나무에 달린 사과와 유사하다. 버섯 균사체는 다양한 기질에서 살아간다. 균사체는 기질의 유기물(섬유소, 리그닌 등)을 분해하는 효소를 내어 가용성 영양분을 만들고 이것을 균사체의 성장에 이용한다. 균사체는 습도, 온도, 산도, C/N율(식물체 내 탄수화물과 질소의 비율) 등 다양한 환경 요소가 적합한 상태로 유지되면 기질 내에서 지속적으로 성장한다. 이 중에서 흙에서 성장하는 균사체를 토질성(terrestrial), 나무에서 성장하는 균사체를 호목재성(lignicolous), 분변에서 성장하는 균사체를 분서식성(coprophilous), 다른 버섯 위에서 성장하는 균사체를 버섯기생성(fungicolous)으로 구분한다. 버섯이 잘 자라는 환경요인은 버섯 종별로 차이가 있으나 대부분 인공재배가 가능한 버섯류는 특정 나무와 연관 지어 찾을 수 있다. 그리고 일부 버섯의 균사체는 균근성(mycorrhizal)이라 불리며 살아 있는 나무의 뿌리와 공생 관계를 형성하는 것들도 많이 알려져 있다.

호목재성

기생균(Saprophyte)
활물기생균(Parasite)

공생균(Ectomycorrhizae)

토질성, 분서식성

▲ 버섯의 발생 장소

버섯의 생활사

균사체는 성장 과정에서 다양한 물리적, 화학적, 생물학적, 영양학적 변화로 번식단계인 자실체(mushroom)를 형성한다. 그리고 자실체에서 만들어진 유성포자는 적합한 기질로 낙하하여 두 종류의 균사체로 발아한다. 이 균사체들을 단핵균사체라 부르며, 외관상으로는 유사하지만 각각 다른 핵의 성질을 가진다. 그중 하나는 플러스(+), 다른 하나는 마이너스(-) 계통이다. 각각 다른 핵을 가진 일차균사(primary mycelia)가 결합하여 두 종류의 세포핵을 갖는 2차균사를 형성한다. 2차균사는 기질 속에 원기(primordium)를 형성하고 환경 요인에 따라 1~3주 후에 균사의 집합체인 어린 자실체(button) 형태로 성장한다.

알 모양의 어린 자실체는 갓(균모)과 대, 주름으로 이루어진 형태로 성장을 해서 성숙한 자실

❷ 1차균사 (단핵균사) (n)
❾ 담자포자(n)
❶ 발아
❸ 원형질 융합
❹ 2차균사 (단핵균사) (n⁺+n⁻)
❺ 자실체
❻ 담자기
❼ 핵융합(2n)
❽ 감수분열+ 동형분열

▲ 버섯의 생활주기

위근
외피막 분리
인편
내피막 탈락
턱받이
대주머니

▲ 버섯(광대버섯)의 성장단계

체가 된다. 외피막(universal veil)은 어린 버섯을 완전히 덮는 막이고, 성장하면 대주머니와 갓 표면의 인편이나 돌기로 남게 된다. 자실층(포자형성층)은 주름살과 관공 등으로 성장한 후 포자를 산출하는 조직이다. 내피막(partial veil)은 자실층을 보호하는 막이며, 대가 땅에서 위쪽으로 길어지면 성숙포자는 비산하기 위해 갓에서 떨어져 대부분 대의 상부에 위치한다. 그래서 내피막의 흔적을 턱받이라 부른다.

식용버섯과 독버섯의 구별법

식용버섯과 독버섯의 구별법은 따로 있는 것이 아니다. 버섯도 다른 생물과 마찬가지로 형태적인 특성에 의해 종(species)을 구분한 후, 국내외 발표된 문헌을 통하여 식용버섯과 독버섯의 여부를 판단하고 있다. 특히 버섯은 현미경으로 관찰해야 하는 미세구조의 특성이 종을 결정하는 주요인이 되는 경우가 많다. 그러므로 항상 정확한 동정을 위해서는 미세구조를 확인할 수 있는 표본을 보관한 후, 버섯의 이름을 확인할 수 있는 전문기관을 방문하여 종 구분을 해야 한다. 버섯의 일반적인 외형은 그림(<버섯의 부위별 명칭>)과 같으나, 일부 버섯들은 전혀 다른 모양을 나타내기도 한다.

일반인이 버섯의 색깔과 모양, 벌레가 먹은 흔적의 유무, 찢어지는 양상 등으로 식용버섯과 독버섯을 구분할 수 있다는 오류를 범하고 있기 때문에 가끔씩 독버섯 중독사고가 발생하고 있다. 우리나라 산야에는 식용버섯의 종류와 유사한 독버섯들이 많으므로 야생에서 버섯을 채취하는 경우에는 반드시 주의해야 한다. **잘못 알려진 식용버섯과 독버섯의 구별법은 아래와 같다.** 근거 없는 내용이므로 식용·독버섯 판별에 이용하면 안 된다.

식용버섯	독버섯
색이 화려하지 않고 원색이 아닌 것	색이 화려하거나 원색인 것
세로로 잘 찢어지는 것	세로로 잘 찢어지지 않는 것
유액이 있는 것	대에 띠가 없는 것
대에 띠가 있는 것	벌레가 먹지 않은 것
곤충이나 벌레가 먹은 것	요리에 넣은 은수저가 변색되는 것
요리에 넣은 은수저가 변색되지 않는 것	가지나 들기름을 넣으면 독성이 없어진다는 생각

▲ 잘못 알려진 식용버섯과 독버섯의 구별법

버섯 구조에 관한 용어

균류의 특성

조직

갓

인편

주름살

턱받이

대

대주머니

갓이 대에 붙은 모양

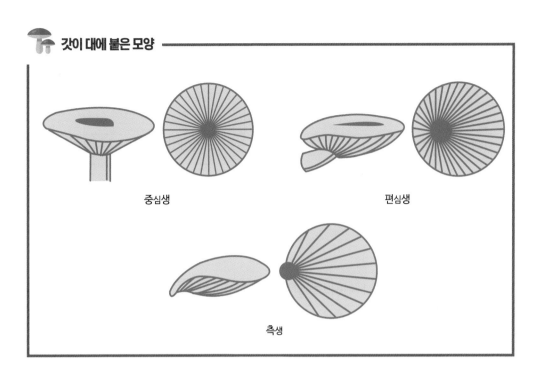

중심생   편심생

측생

갓의 모양

편평형   종형   반구형   원추형

깔대   성기다   성기다

🍄 주름살에 붙은 모양

떨어진주름살   끝붙은주름살   완전붙은주름살

홈주름살   내린주름살

🍄 주름살의 밀도

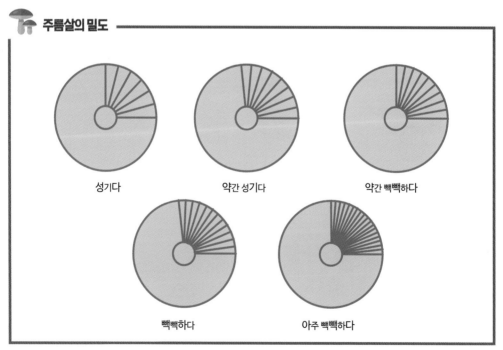

성기다   약간 성기다   약간 빽빽하다

빽빽하다   아주 빽빽하다

대 기부의 모양

원통형   곤봉형

대의 속 모양

대속찬형   대속빈형

주름살의 밀도

홀로 발생(단생)   흩어져 발생(산생)   무리지어 발생(군생)

뭉쳐서 발생(속생)   겹쳐서 발생(복생)   동심원상으로 발생(균륜)

식용버섯

개암버섯

Hypholoma lateritium (Schaeff.) P. Kumm.

 분류 담자균문 Basidiomycota | **주름버섯강** Agaricomycetes | 주름버섯목 Agaricales |
포도버섯과 Strophariaceae | 개암버섯속 Hypholoma

형태적 특징 개암버섯의 갓은 지름이 3~8㎝ 정도이며, 처음에는 반구형이나 성장하면서 편평형이 되며, 갓 가장자리에 백색의 섬유질상 내피막 잔유물이 있으나 성장하면서 소실된다. 갓 표면은 갈황색 또는 적갈색이며, 습할 때 점성이 있고, 갓 주변부는 연한 색이며, 백색의 섬유상 인편이 있다. 조직은 비교적 두꺼우며, 황백색이다. 주름살은 완전붙은주름살형이며, 약간 빽빽하고, 초기에는 황백색이나 차차 황갈색을 거쳐 자갈색이 된다. 대의 길이는 5~15㎝ 정도이며, 위아래 굵기가 비슷하거나 다소 아래쪽이 굵다. 대의 위쪽은 연한 황색이고, 아래쪽은 황적갈색이며, 섬유상 인편이 빽빽이 퍼져있다. 대 속은 성장하면서 비어간다. 턱받이는 없다. 포자문은 자갈색이며, 포자 모양은 타원형이다.

발생 시기 및 장소 늦가을에 죽은 나무 그루터기에 뭉쳐 무리지어 발생하며 목재부후성 버섯이다.

식용 가능 여부 식용버섯

분포 한국, 북반구 온대 이북

참고 북한명은 밤버섯이며, 다발버섯과 비슷하나 본 종은 쓴맛이 없다는 점에서 쉽게 구별된다.

╲ 담황갈색을 띠는 주름살 　　　　　　　　　　　　　　╲ 갈황색의 갓

섬유질상의 털이 있는 어린 버섯 ↗

내피막 잔유물이 모두 소실된 성숙한 버섯 ↗

대 위쪽은 연황색을 띠고 기부는 황적갈색을 띠는 모습 ↗

ㄴ 다발로 발생하는 자실체

ㄴ 황색을 띠는 자실체

고무버섯

Bulgaria inquinans (Pers.) Fr.

 분류 　자낭균문 Ascomycota | **두건버섯강** Leotiomycetes | 두건버섯목 Leotiales |

고무버섯과 Bulgariaceae | 고무버섯속 Bulgaria

⌐ 대가 없이 기주의 표피에서 발생한다.

🎨형태적 특징　고무버섯의 자실체 크기는 1~3㎝ 정도이고, 성장 초기에는 팽이 모양이고, 기부 쪽으로 점점 좁아진다. 전체 모양은 원형 또는 유원형이며 종종 무리지어 발생하며, 일그러진 타원형으로 자라기도 한다. 성장하면 정단부가 넓어져 접시 모양을 이루기도 한다. 자실층은 윗면이 검고 편평하다. 하단은 비듬상 인피가 있으며, 연한 갈색 또는 흑갈색을 띤다. 조직은 젤라틴질이고, 고무처럼 강한 탄성이 있으며, 황토색을 띤다. 대 없이 기주의 표피에서 직접 발생한다. 자낭포자는 넓은 타원형이며, 연한 갈색이다.

🎨발생 시기 및 장소　초여름부터 가을까지 참나무류의 활엽수 고사목이나 그루터기에서 목재를 썩히며 무리지어 발생한다.

🎨식용 가능 여부　식용버섯

🎨분포　한국, 전 세계

🎨참고　표고 재배 골목에서 병원균으로 발생하여 많은 피해를 주기도 한다.

⌐ 접시 모양인 윗면

⌐ 고무처럼 탄력이 있다.

국수버섯

Clavaria fragilis Holmsk.

 분류 담자균문 Basidiomycota **|** 주름버섯강 Agaricomycetes **|** 주름버섯목 Agaricales **|**
국수버섯과 Clavariaceae **|** 국수버섯속 Clavaria

ㄱ

형태적 특징 국수버섯의 자실체는 원통형, 원통상 방추형 또는 좁은 곤봉상 방추형이 며, 정단부의 끝은 둥그스름하거나 뭉툭하고, 드물게는 끝이 둘로 갈라지며 종종 상단 부가 휘어져 있다. 표면은 평활하고 백색을 띠며 끝부분은 종종 옅은 황색을 띤다. 성 숙 후에는 퇴색되어 옅은 황색을 띤다. 자실층은 자실체의 표면 전면에 골고루 퍼져 있 으며, 평활하거나 다소 미분질상이다. 기부의 대는 특별한 경계가 없다. 조직은 얇고 백색이며, 잘 부서진다. 맛과 향기는 부드럽다.

발생 시기 및 장소 여름부터 가을 사이에 활엽수림 내의 땅 위에 다수가 모여 나거나 무리지어 발생한다.

식용 가능 여부 식용버섯

분포 한국, 일본, 동아시아, 유럽, 북아메리카

원통형 자실체

둥그스름한 자실체 정단부 끝

굽은꽃애기버섯

Gymnopus dryophilus (Bull.) Murrill

 분류 담자균문 Basidiomycota | **주름버섯강** Agaricomycetes | 주름버섯목 Agaricales | 화경버섯과 Omphalotaceae | 꽃애기버섯속 Gymnopus

ㄴ 주름살은 백색을 띤다.

형태적 특징 굽은꽃애기버섯의 갓은 지름이 1~4㎝ 정도이며, 초기에는 둥근 산 모양이지만 성장하면서 거의 편평한 모양으로 되고 가장자리가 위로 올라가며, 표면은 매끄럽고 황토색이나, 마르면 색이 연해진다. 주름살은 끝붙은주름살형으로 백색 또는 연한 크림색이며, 폭이 좁고 빽빽하다. 대의 길이는 2~6㎝, 굵기는 0.2~0.4㎝ 정도이며, 기부와 부착된 부분이 조금 굵다. 포자 모양은 타원형이다.

발생 시기 및 장소 봄에서 가을까지 숲 속의 부식토 또는 낙엽에 무리지어 발생하며, 낙엽부후성 버섯이다.

식용 가능 여부 식용버섯

분포 한국, 전 세계

참고 낙엽을 분해하여 자연으로 환원시키는 역할을 한다.

ㄴ 갓이 크림색인 자실체

귀신그물버섯

Strobilomyces strobilaceus (Scop.) Berk.

 분류 담자균문 Basidiomycota | **주름버섯강** Agaricomycetes | 그물버섯목 Boletales | 그물버섯과 Boletaceae | 귀신그물버섯속 Strobilomyces

형태적 특징 귀신그물버섯의 갓은 크기가 3.2~10㎝이며 초기에는 반반구형이며 갓 끝은 섬유상막질의 내피막이 있다. 성장하면 반반구형 또는 편평상 반반구형이며, 갓 끝에는 회색의 섬유상 막질인 내피막 잔유물이 부착되어 있다. 표면은 건성으로 어두운 갈색 또는 흑갈색이며 면모상 인피가 솔방울형이다. 조직은 백색이나 상처를 입으면 적색으로 변하고 시간이 경과하면 흑색으로 된다. 맛은 부드럽고, 냄새는 불분명하다. 관공은 길이가 0.8~1.3㎝로 초기에는 완전붙은관공형이나 성장하면 대 주위가 함몰된 홈관공형으로 된다. 초기에는 백색 또는 회백색이나 성장 후에 어두운 회색 또는 갈흑색으로 되며, 상처를 입으면 붉은색으로 변하고 후에 검은색으로 된다. 관공구는 다각형이고, 0.1~0.13㎝로 크며, 관공과 같은 색이며, 상처를 입으면 같은 색으로 변한다. 대는 크기가 4.6~14.8㎝로 원통형이며, 위아래 굵기가 비슷하거나 기부 쪽이 다소 굵은데 드물게는 상부 쪽이 다소 굵다. 표면은 건성이고, 정단부위는 회백색 또는 백회색이고, 그 아래쪽은 어두운 회갈색 또는 흑갈색을 띠며, 종으로 긴 돌기망목이 있고, 면모상 인피가 피복되어 있다. 상부에 면모상 막질의 턱받이가 있으나 곧 소실된다. 견고하고, 속은 차 있으나 잘 부러진다. 포자문은 흑갈색 또는 흑색이고, 포자 모양은 유구형 또는 짧은 타원형이고, 표면에 돌기망목(0.4~1.3㎛)이 잘 발달되어 있다.

발생 시기 및 장소 여름에서 가을에 사이에 너도밤나무, 졸참나무, 신갈나무, 적송림 등 지상에 홀로 나거나 무리지어 발생한다.

식용 가능 여부 식용버섯

분포 한국, 북반구 일대

참고 본 종은 자실체 전체가 흑색으로 되고, 갓 표면에 솔방울 모양의 인피가 있으며, 상처를 입으면 적변 후 흑색으로 된다는 점이 특징적이다. 털귀신그물버섯 (*Stroblomyces confusus* Sing.)과 매우 유사하나 후자는 갓 표면의 인피가 직립이고, 포자가 수국꽃 모양이란 점에서 쉽게 구별된다. 그러나 유사종으로서 일본에서 *Strobilomyces seminudus* Hongo가 보고되어, 귀신그물버섯류에 대하여 재검토가 필요하다. 두 종의 영어 이름은 "old man of the woods"로 같다.

종으로 긴 돌기망목이 있는 대 ⌡

↳ 면모상 인피가 솔방울형인 갓 표면

↳ 갓 끝에 있는 회색의 내피막의 잔유물

금무당버섯 (구: 황금무당버섯)

Russula aurea Pers.

 분류　담자균문 Basidiomycota | **주름버섯강** Agaricomycetes | 무당버섯목 Russulales |
무당버섯과 Russulaceae | 무당버섯속 Russula

﹂ 백색의 대   ﹂ 주름살 끝은 황색을 띤다.

🎨 **형태적 특징**   금무당버섯의 갓은 지름이 4~8㎝ 정도로 처음에는 반구형이나 성장하면서 오목편평형이 된다. 갓 표면은 적황색 또는 연한 황색이나 습하면 점성이 나타난다. 조직은 백색이나 표피 밑은 황색이다. 주름살은 떨어진주름살형이며, 빽빽하고, 처음에는 백색이나 성장하면서 연한 황색이 되며, 주름살 끝은 황색이다. 대의 길이는 5~9㎝ 정도이며, 처음에는 백색이나 성장하면서 연한 황록색이 된다. 포자문은 황토색이며, 포자 모양은 유구형이다.

🎨 **발생 시기 및 장소**   여름부터 가을 사이에 활엽수림, 침엽수림 내의 땅 위에 홀로 발생한다.

🎨 **식용 가능 여부**   식용버섯

🎨 **분포**   한국, 일본, 중국, 유럽 등 북반구 일대

﹂ 갓 표면이 적황색을 띠고 점성이 있는 자실체

기와버섯

Russula virescens (Schaeff.) Fr.

 분류 담자균문 Basidiomycota | **주름버섯강** Agaricomycetes | 무당버섯목 Russulales |
무당버섯과 Russulaceae | 무당버섯속 Russula

ㄴ 원통형 자실체　　　　　　　　　　　　　ㄴ 소수 무리지어 발생하는 자실체

형태적 특징 기와버섯의 갓은 크기가 4.5~13.5㎝로 초기에는 반구형이나 성숙하면 편평형 또는 중앙오목편평형으로 되며, 드물게는 갓 끝이 반전되기도 한다. 표면은 건성이고, 녹색 또는 녹회색을 띠며, 표면은 불규칙하게 다각형 또는 귀열상으로 갈라지며 갈라진 사이에 유백색의 조직이 보인다. 조직은 백색이고 어린 시기에는 다소 견고하며, 맛과 향기는 부드럽다. 주름살은 대에 떨어진주름살이며 다소 빽빽하고, 초기에는 백색이지만 시간이 경과하면 다소 옅은 황백색을 띠며, 주름살날은 분질상이다. 대는 크기가 3.2~9.7㎝로 원통형이고, 위아래 굵기가 비슷하다. 표면은 평활하고 다소 주름선이 종으로 있으며, 백색 또는 유백색이며, 상처를 입어도 변색하지 않는다. 대 속은 초기에는 차 있으나 성장하면 다소 스폰지화 된다. 포자문은 백색이며, 포자 모양은 유구형이다. 포자의 표면에는 멜저용액에서 회청색을 띠는 돌기와 미세한 돌기망목이 있다.

발생 시기 및 장소 여름부터 가을 사이에 주로 잡목림 내의 지상에 홀로 또는 흩어져 나거나 소수 무리지어 발생한다.

식용 가능 여부 식용버섯

분포 한국, 동남아시아, 유럽, 북아메리카

참고 본 종은 갓의 표면이 녹색 또는 녹회색을 띠고, 성장하면 갓 표피가 갈라져 마치 깨진 기와를 늘어놓은 것처럼 된다는 점이 특징적이며, 국내에서는 야생 식용버섯 중에 옛날부터 널리 알려진 식용버섯이다.

중앙오목편평형인 갓 ♪

반구형의 갓 ♪

유백색의 조직 ♪

대에 떨어진주름살 ♪

ㇱ 반전된 갓 끝

ㇱ 원통형의 대

ㇱ 불규칙하게 갈라진 표면

긴꼬리버섯

Hymenopellis radicata (Relhan) R. H. Petersen

🍄 **분류**　담자균문 Basidiomycota **ㅣ주름버섯강 Agaricomycetes ㅣ** 주름버섯목 Agaricales **ㅣ**
뽕나무버섯과 Physalacriaceae **ㅣ** 긴꼬리버섯속 Hymenopellis

형태적 특징 긴꼬리버섯의 갓은 크기가 3.5~10.5㎝이고, 모양은 초기에는 반구형 또는 반반구형이나, 성숙하면 중앙볼록편평형이 되며, 옅은 황토갈색 또는 담회갈색을 띠며, 표면은 방사상의 주름이 현저하게 있고, 습할 때는 젤라틴질층이 두껍게 덮여 있다. 조직은 갓 중앙부는 두꺼우며, 끝 부위는 다소 얇다. 표피층 아래는 회갈색을 띠며 또는 그 외는 백색이고, 맛과 향기는 부드럽다. 주름살은 대에 완전붙은주름살 또는 끝 붙은주름살이며, 성글고 넓으며 편복형이고, 백색이다. 주름살날은 분질상이다. 대는 지상부의 크기가 5.5~12.3㎝(지중의 뿌리 길이는 3.5~23㎝)이고, 방추형이나 드물게는 다소 편압되어 있다. 상부 쪽은 백색이고 분상이며 섬유질상의 선이 보이고, 아래쪽은 점차 갓보다 옅은 황토색 또는 황갈색을 띠며, 종으로 섬유상 선이 있고, 종종 뒤틀려 있다. 포자문은 백색이다. 포자 모양은 광타원형이고, 평활하며 세포벽은 얇고, 대부분 하나의 커다란 기름방울이 있으며, 포자문은 백색이다.

발생 시기 및 장소 여름에서 가을 사이에 활엽수 또는 침엽수의 뿌리 또는 묻혀 있는 나무토막에서 발생한다.

식용 가능 여부 식용버섯

분포 한국, 동아시아, 유럽, 북아메리카

지중의 뿌리 길이가 긴 대   상부 쪽은 백색이고 아래쪽은 점차 황갈색을 띠는 대

백색인 주름살 ♪

참고 본 종은 외관상 *Oudemansiella melanotricha* Dorfelt 매우 비슷하나 후자는 갓 표면에 방사상의 홈선이 없고, 젤라틴질이 없으며, 갓 표피상층과 대에 강모체(setae)가 산재해 있으며, 포자가 유구형이란 점에서 쉽게 구별된다. 본 종의 국내 표본재료의 포자는 유럽종의 포자(Breitenbach & Kranzlin, 13~15.6×9~10.5㎛)의 것보다 크므로 앞으로 대륙 간의 표본에 대해 세밀한 조사 관찰이 필요하다고 본다.

황토갈색의 갓 표면 ♪

습할 때 젤라틴층이 덮인 표면 ♪

ㄴ 방사상의 주름이 있는 표면

ㄴ 중앙볼록편평형인 갓

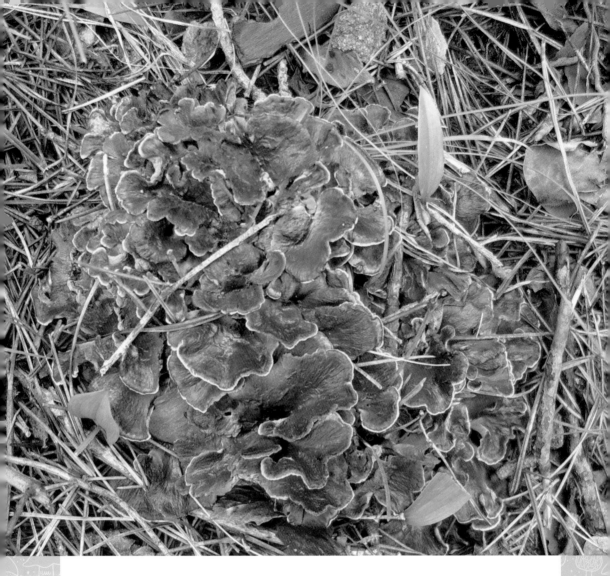

까치버섯

Polyozellus multiplex (Underw.) Murrill

 분류 담자균문 Basidiomycota | **주름버섯강** Agaricomycetes | 사마귀버섯목 Thelephorales | 사마귀버섯과 Thelephoraceae | 까치버섯속 Polyozellus

⌐ 회청색을 띠는 자실층　　　　　　⌐ 송이와 같은 장소에서 발생한다.

형태적 특징　까치버섯은 높이 5～15㎝, 너비 5～30㎝ 정도이며, 하부의 대는 하나이지만 분지하여 여러 개의 갓이 된다. 갓은 지름 5㎝ 정도로 꽃양배추 또는 잎새버섯 모양이며, 두께가 얇고, 끝 부분은 파상형이다. 표면은 매끄럽고, 흑청색 또는 남흑색을 띤다. 조직은 얇고 육질이나 약간 질기다. 자실층은 내린형이며, 회백색 또는 회청색이고, 백색의 분질물로 덮여 있다. 대의 길이는 2～5㎝ 정도이며, 원통형이며, 갓과 경계가 불분명하고, 갓과 같은 색을 띠며, 조직은 연하나 건조하면 단단해진다. 포자문은 백색이며, 포자 모양은 구형이다.

발생 시기 및 장소　가을에 침엽수림, 활엽수림 또는 혼합림 내 땅 위에 무리지어 나거나 홀로 발생한다.

식용 가능 여부　향기와 맛이 좋은 식용버섯이다.

분포　한국, 동아시아, 북아메리카

참고　강원도 일부 지역에서는 '먹버섯'이라고도 하고, 양양지역에서는 '고무버섯', '곰버섯'이라고도 한다. 해조류의 톳과 비슷한 향기가 나며, 쫄깃하고 씹는 맛이 좋다.

⌐ 파상형의 갓 가장자리　　　　　　⌐ 꽃양배추와 유사한 형태를 가진 자실체

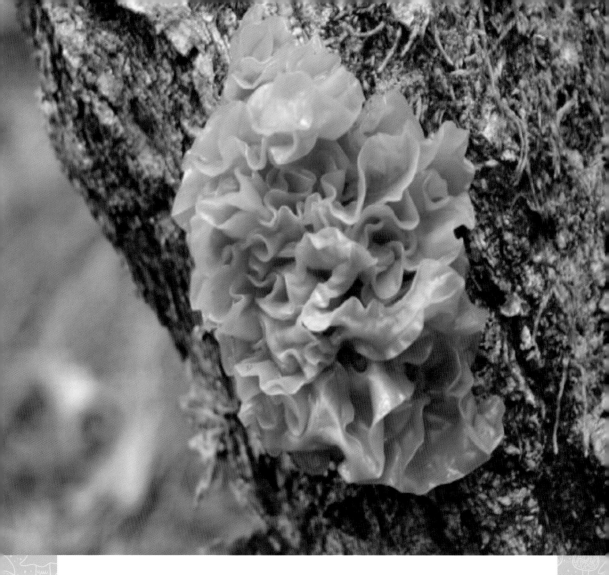

꽃흰목이

Tremella foliacea Pers.

 분류 담자균문 Basidiomycota | **흰목이강** Tremellomycetes | 흰목이목 Tremellales |
흰목이과 Tremellaceae | 흰목이속 Tremella

ㄴ 자실층은 양쪽 면에 분포하여 포자를 만든다.

형태적 특징 꽃흰목이는 지름이 3∼10㎝이고, 높이는 2∼6㎝ 정도이며, 꽃잎 모양으로 반투명의 아교질이다. 일반적으로 나무의 수피가 갈라진 곳에서 나오며, 갓은 성장하면서 주름져 있거나 불규칙한 꽃잎 모양을 이룬다. 갓 표면은 매끄럽고, 연한 갈색또는 적갈색을 띠며, 건조하면 흑갈색으로 오므라들거나 단단해지고, 습기를 흡수하면원상태로 회복된다. 자실층은 표면의 양쪽 면에 분포되어 있으며, 기부는 다소 단단하고 갈색을 띤다. 포자문은 백색이고, 포자 모양은 난형이다.

발생 시기 및 장소 여름부터 가을 사이에 활엽수의 고목, 죽은 가지에 뭉쳐서 발생하며 기부는 하나이다. 목재를 썩히는 부생생활을 한다.

식용 가능 여부 식용, 약용, 항암버섯으로 이용된다.

분포 한국, 전 세계

참고 흰목이와 매우 비슷하나 버섯 전체가 갈색을 띤다는 점이 다르다.

ㄴ 반투명 아교질의 자실체

ㄴ 수피가 갈라진 곳에서 발생

꾀꼬리버섯

Cantharellus cibarius Fr.

 분류 　담자균문 Basidiomycota | **주름버섯강** Agaricomycetes | 꾀꼬리버섯목 Cantharellales | 꾀꼬리버섯과 Cantharellaceae | 꾀꼬리버섯속 Cantharellus

ㄴ 나팔형의 자실체

ㄴ 갓은 난황색을 띤다.

🍄**형태적 특징** 꾀꼬리버섯의 크기는 3~10㎝ 정도이며, 갓의 지름은 3~8㎝ 정도이고, 나팔형이나 성장하면서 편평해진다. 표면은 난황색을 띠나 성장하면서 연한 난황색을 띤다. 갓 둘레는 불규칙하게 굴곡이 지거나 갈라져 있다. 조직은 약간 두꺼우며, 질기고, 연한 황색을 띤다. 주름살은 대에 길게 내린주름살형으로 약간 빽빽하며, 황색이고, 주름살 사이에 연락맥이 있다. 대의 길이는 2~7㎝ 정도이며, 원통형이다. 대의 굵기는 아래쪽이 다소 가늘며, 편심형 또는 중심형이다. 대의 길이는 비교적 짧고, 단단하며, 난황색을 띤다. 포자문은 담황색이고, 포자 모양은 타원형이다.

🍄**발생 시기 및 장소** 늦여름부터 가을에 걸쳐 혼합림 내 땅 위에 무리지어 발생하고, 외생균근성 버섯이다.

🍄**식용 가능 여부** 식용버섯

🍄**분포** 한국, 전 세계

🍄**참고** 흰목이와 매우 비슷하나 버섯 전체가 갈색을 띤다는 점이 다르다.

ㄴ 살구향이 난다.

ㄴ 주름살 사이에 연락맥이 있다.

냉이무당버섯

Russula mariae Peck

 분류 담자균문 Basidiomycota **| 주름버섯강** Agaricomycetes **| 무당버섯목** Russulales **|**
무당버섯과 Russulaceae **| 무당버섯속** Russula

ㄴ 어린 자실체

ㄴ 흩어져 발생한 자실체

형태적 특징 냉이무당버섯의 갓은 지름이 1~5㎝ 정도로 처음에는 반구형이나 성장하면서 중앙이 오목한 편평형 또는 깔때기형으로 된다. 갓 표면은 적색, 선홍색이며, 건조하면 광택이 없는 분질상의 얼룩이 있고, 습하면 점성이 있다. 주름살은 내린주름살형이며, 빽빽하고, 초기에는 백색이나 점차 연한 황색이 된다. 대의 길이는 2~5㎝ 정도이며, 표면은 갓과 같은 색이거나 다소 연한 색이다. 조직은 백색이고, 흙 냄새나 냉이 냄새가 난다. 포자문은 백색이다.

발생 시기 및 장소 여름에서 가을까지 활엽수림, 침엽수림 내 땅 위에 홀로 나거나 흩어져 발생하는 외생균근성 버섯이다.

식용 가능 여부 식용버섯

분포 한국, 일본

ㄴ 선홍색의 갓

ㄴ 조직에서 냉이 냄새가 나는 버섯

너도벚꽃버섯

Hygrophorus fagi G. Becker & Bon

 분류 담자균문 Basidiomycota | **주름버섯강** Agaricomycetes | 주름버섯목 Agaricales | 벚꽃버섯과 Hygrophoraceae | 벚꽃버섯속 Hygrophorus

ㄴ 성장하면 안쪽으로 말려있는 갓 끝　　　　　　　　　　　ㄴ 대에 내린주름살

🎨 **형태적 특징**　너도벚꽃버섯의 갓은 크기가 5.5∼14㎝로 어릴 때는 반구형 또는 반반구형이나 성장하면 갓 끝은 안쪽으로 말려 있으며 미모가 있다. 중앙부는 육홍색이고, 주변부는 옅은 색을 띠거나 거의 유백색이다. 조직은 두껍고, 백색이며, 맛과 향기는 부드럽다. 주름살은 대에 내린주름살이고 아치형이며, 폭은 0.6∼1㎝으로 성글며, 담크림색이다. 대는 크기가 8.5∼15㎝로 원통형이다. 표면은 백색이고 종으로 섬유질이 있으며, 상부는 백색이며 분상이고, 하부는 황색을 띠며 속은 차 있다. 포자문은 백색이고, 포자는 크기가 6.3∼8.2×4.2∼5.4㎛로 모양은 광타원형이고, 표면은 평활하며, 멜저용액에서 비아밀로이드이다.

🍄 **발생 시기 및 장소**　가을에 너도밤나무 숲 내 지상에 무리지어 발생한다.

🍄 **식용 가능 여부**　식용버섯

🍄 **분포**　한국, 일본, 유럽, 북반구 온대

🍄 **참고**　너도벚꽃버섯은 외형상 모양이나 색채가 원기재와 잘 부합하나 갓이 보다 크고, 포자가 약간 짧다는 점에서 다소 의문점이 있다(원기재 7∼9×4.5∼5.5㎛).

두껍고 백색인 조직 ⌒

성글며 담크림색인 주름살 ⌒

포자가 백색인 주름살 ⌒

ㄴ 위아래 굵기가 비슷한 대

ㄴ 반반구형의 편평한 자실체

노란난버섯

Pluteus leoninus (Schaeff.) P. Kumm.

 분류　담자균문 Basidiomycota | **주름버섯강** Agaricomycetes | 주름버섯목 Agaricales |
난버섯과 Pluteaceae | 난버섯속 Pluteus

꒓ 참나무부후목에 발생

🍄형태적 특징 노란난버섯의 갓은 지름이 3~6㎝ 정도이며, 처음에는 종형이나 성장하면서 중앙볼록편평형이 된다. 갓 표면은 밝은 황색이며, 습할 때 가장자리 쪽으로 방사상의 선이 보인다. 주름살은 떨어진주름살형이며, 빽빽하고, 처음에는 백색이나 성장하면서 연한 홍색이 된다. 대의 길이는 3~8㎝ 정도이며, 백색이고, 위아래 굵기가 비슷하고, 아래쪽에 연한 갈색의 섬유상 인편이

꒓ 밝은 황색을 띤 자실체

있으며, 속은 처음에 차 있으나 성장하면서 빈다. 조직은 백색이다. 포자문은 연한 홍색이며, 포자 모양은 유구형이다.

🍄발생 시기 및 장소 봄부터 가을까지 활엽수의 고목, 썩은 나무 등에 무리지어 나거나 홀로 발생한다.

🍄식용 가능 여부 식용버섯

🍄분포 한국, 동아시아, 유럽, 북아메리카

🍄참고 갓이 밝은 난황색 또는 황금색인 것도 있으며 잘 썩은 참나무류의 목재에서 발생하는 버섯이다.

노란달걀버섯

Amanita javanica (Corner & Bas) T. Oda, C. Tanaka & Tsuda

분류 담자균문 Basidiomycota | **주름버섯강** Agaricomycetes | 주름버섯목 Agaricales | 광대버섯과 Amanitaceae | 광대버섯속 Amanita

형태적 특징 노란달걀버섯의 어린 버섯은 알 모양의 두꺼운 백색 대주머니에 싸여 있으며, 성장하면 정단 부위의 외피막이 파열되어 갓과 대가 나타난다. 갓의 지름은 5~15㎝ 정도로 초기에는 반구형이나 성장하면서 편평하게 펴지나 중앙 부위는 약간 돌출되어 있다. 표면은 황색이고, 갓 둘레는 다소 연한 색이며, 방사상의 선이 있다. 습할 때는 다소 점성이 있다. 조직은 두꺼우며 백색이고, 표피 아래층은 황색을 띤다. 주름살은 떨어진주름살형이며, 약간 빽빽하고, 연한 황색을 띠며, 주름살 끝은 분질상이다. 대의 길이는 10~20㎝ 정도이며, 원통형으로 위쪽이 다소 가늘다. 표면은 뱀 껍질 모양의 옅은 황색 무늬가 있으며, 턱받이 상부에는 주름살의 흔적인 세로형의 홈선이 있다. 대 기부에 막질형의 대주머니가 있다. 포자문은 백색이며, 포자 모양은 광타원형이다.

발생 시기 및 장소 여름부터 가을까지 활엽수림, 침엽수림, 혼합림 내 땅 위에 홀로 또는 흩어져 발생한다.

식용 가능 여부 식용버섯

분포 한국, 일본, 동남아시아

참고 달걀버섯과 비슷하나, 갓과 대의 색이 모두 노란색을 띤다. 경상도 지역에서는 자실체의 색깔 때문에 '꾀꼬리버섯'으로 부르고 있다. 맹독버섯인 개나리광대버섯과 형태적으로 유사하므로 미세구조를 확인하여 종 구분을 해야 하는 버섯이다.

ㄴ 어린 자실체

ㄴ 황색을 띠는 주름살

백색의 외피막에 싸인 어린 자실체 ↗

어린 자실체 ↗

대가 신장되는 어린 자실체 ↗

갓 가장자리에 방사상의 홈선이 있다. ↗

ㄴ 어린 자실체의 절단면

ㄴ 대주머니를 반으로 자른 모양

ㄴ 노란색의 턱받이

ㄴ 황색을 띠는 주름살과 턱받이

ㄴ 어린 자실체가 모여서 발생

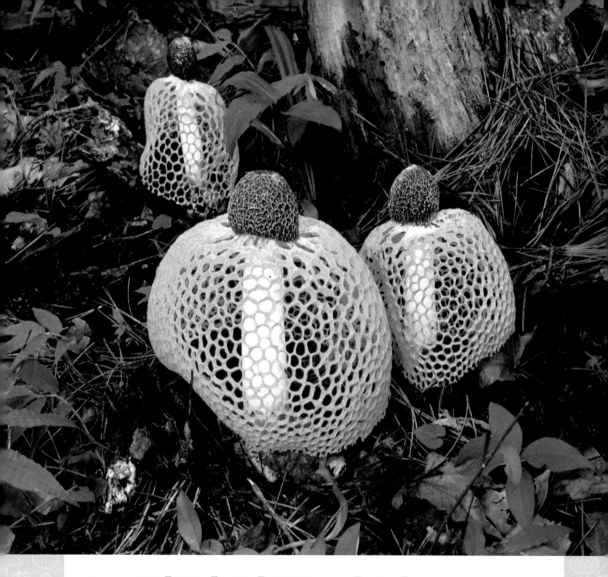

노란망말뚝버섯

(구명: 노랑망태버섯)

Phallus luteus (Liou & L. Hwang) T. Kasuya

분류 담자균문 Basidiomycota | **주름버섯강** Agaricomycetes | 말뚝버섯목 Phallales |
말뚝버섯과 Phallaceae | 말뚝버섯속 Phallus

형태적 특징 노란망말뚝버섯 어린 시기의 알은 난형 또는 구형이고, 백색 또는 연한 자색을 띠며, 크기는 2~4㎝ 정도로 반지중생이다. 성숙하면 외피막의 정단 부위가 갈라지며, 원통상의 대가 빠르게 신장된다. 대의 길이는 10~15㎝ 정도이며, 속이 비어 있으며, 표면은 백색이며, 무수한 홈 반점이 있고, 잘 부서진다. 갓의 크기는 3~4㎝로 종형이며, 표면은 백색 또는 연한 황색을 띠며 망목상이고, 점액화된 진한 올리브갈색의 포자가 있어 악취가 난다. 갓의 정단부는 백색의 돌기가 있으며, 속은 뚫려 대 기부까지 관통되어 있다. 갓 아래에는 노란색의 망사 모양(균망)이 빠르게 신장하여 2시간 이내에 대 기부까지 펼쳐진다. 기부에는 백색 또는 옅은 적자색의 두꺼운 대주머니가 있다. 포자 모양은 타원형이며, 황갈색이다.

발생 시기 및 장소 여름 장마철과 가을에 혼합림 내의 땅 위에 무리지어 발생하거나 홀로 발생하기도 한다.

식용 가능 여부 식용, 약용버섯

분포 한국, 일본

참고 망태말뚝버섯은 외부 형태가 본 종과 매우 유사하지만 대나무에서 주로 발생하며 식용하고 있다.

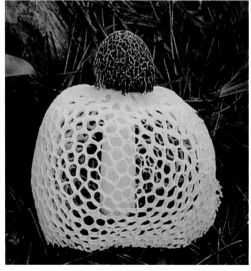

갓은 종형이다.　　갓에는 올리브색 포자가 있고 벌레를 유인하는 냄새를 풍긴다.

노랑느타리

Pleurotus citrinopileatus Singer

 분류 담자균문 Basidiomycota | **주름버섯강** Agaricomycetes | 주름버섯목 Agaricales |
느타리과 Pleurotaceae | 느타리속 Pleurotus

ㄴ 다소 성글고 빽빽한 대에 내린주름살

형태적 특징 노랑느타리의 갓은 크기가 3~5㎝로 모양은 초기에는 반반구형이나 편평하게 펴지며 깔때기형으로 된다. 표면은 평활하고, 밝은 황색 또는 유황색을 띤다. 조직은 얇고, 백색이며, 밀가루 냄새가 나고, 맛은 부드러우나 섬유질이 많아 질기다. 주름살은 대에 내린주름살이고, 다소 성글거나 약간 빽빽하며 황색을 띤다. 대는 원통형으로 윗쪽으로 2~15개의 분지가 형성된다. 포자문은 담황백색이며, 포자의 크기는 5.5~8.7×2.8~3.2㎛로 원통형이다.

발생 시기 및 장소 여름부터 가을에 미루나무, 버드나무, 뽕나무 등 활엽수 고목 그루터기 위에 무리지어 발생한다.

식용 가능 여부 식용버섯

분포 한국, 일본, 중국 동북부, 러시아

참고 인공재배가 가능하며, 버섯의 색은 매우 아름답고 포자가 날릴 때는 꽃게장 향이 난다.

노루궁뎅이

Hericium erinaceus (Bull.) Pers.

 분류   담자균문 Basidiomycota | **주름버섯강** Agaricomycetes | 무당버섯목 Russulales |
노루궁뎅이과 Hericiaceae | 산호침버섯속 Hericium

형태적 특징 노루궁뎅이의 지름은 5~20㎝ 정도로 반구형이며, 주로 나무줄기에 매달려 있다. 윗면에는 짧은 털이 빽빽하게 나 있고, 전면에는 길이 1~5㎝의 무수한 침이 나 있어 고슴도치와 비슷해 보인다. 처음에는 백색이나 성장하면서 황색 또는 연한 황색으로 된다. 조직은 백색이고, 스펀지상이며, 자실층은 침 표면에 있다. 포자문은 백색이며, 포자 모양은 유구형이다.

발생 시기 및 장소 여름에서 가을까지 활엽수의 줄기에 홀로 발생하며, 부생생활을 한다.

식용 가능 여부 식용, 약용, 항암버섯으로 이용하며, 농가에서 재배도 한다.

분포 한국, 북반구 온대 이북

참고 버섯 전체가 백색이고, 고슴도치처럼 생겼다.

백색을 띤 포자는 수염 모양의 침에 형성

노숙하면 기주부착 부위가 황색으로 변한다. ↗

활엽수에 홀로 발생하는 자실체 ↗

ㄴ

ㄴ 건조하면 단단해지는 수지상 돌기

ㄴ 노루궁뎅이(재배)

느타리

Pleurotus ostreatus (Jacq.) P. Kumm.

 분류 담자균문 Basidiomycota | **주름버섯강** Agaricomycetes | 주름버섯목 Agaricales | 느타리과 Pleurotaceae | 느타리속 Pleurotus

느타리(재배)

느타리(재배)

느타리(야생종)

다발방패버섯

Albatrellus confluens (Alb. & Schwein.) Kotl. & Pouzar

 분류   담자균문 Basidiomycota **| 주름버섯강** Agaricomycetes **|** 무당버섯목 Russulales **|**
방패버섯과 Albatrellaceae **|** 방패버섯속 Albatrellus

형태적 특징 다발방패버섯은 높이 2～10㎝, 너비 5～15㎝ 정도이고, 모양은 구두칼 모양 또는 부채형이나 불규칙하게 파상으로 굴곡이 지거나 비뚤어져 있으며, 갓 끝은 안쪽으로 말려 있으나 성장하면서 펴지고, 일반적으로 다수 중복되어 있다. 갓의 표면은 초기에 미세한 털이 있으나, 점차 탈락되어 매끄럽고, 황백색이나 건조하면 황갈색 또는 적갈색으로 되며, 갓 끝부분은 파상형의 굴곡이 있다. 조직은 백색으로 유연하나 건조하면 단단해지며, 분홍백색을 띤다. 상처가 나도 변색되지 않으며, 맛은 약간 쓰거나 부드럽고, 냄새는 일반적인 버섯향이 난다. 자실층은 관공형이며, 관공의 길이는 0.1～0.2㎝ 정도로 대에 내린관공형이다. 관공구는 미세하며, 원형 또는 유각형이고, 2～4개/㎜이고, 초기에는 백색이나 성장하면서 연한 황색 또는 황백색을 띤다. 대의 길이는 2～8㎝ 정도이며, 원통형이고, 갓은 편심형 또는 약간 측심형이고, 기부에서 여러 개가 뭉쳐 있다. 표면은 매끄럽고, 연한 황색이나 건조하면 갈색을 띤다. 포자문은 백색이며, 포자 모양은 큰 타원형이다.

발생 시기 및 장소 가을에 침엽수림 내 땅 위에 무리지어 발생한다.

식용 가능 여부 식용버섯

분포 한국, 동아시아, 유럽, 북아메리카

참고 가을에 소나무림 내 지상에 발생하며, 전체가 황백색이고 갓 하면은 미세한 관공으로 되어 있으며, 여러 개의 갓이 뭉쳐 집단으로 성장한다는 점이 특징적이다.

↳ 갓 끝은 불규칙한 파상형

↳ 자실층은 관공형이다.

파상형의 굴곡이 있는 갓 끝부분 ♪

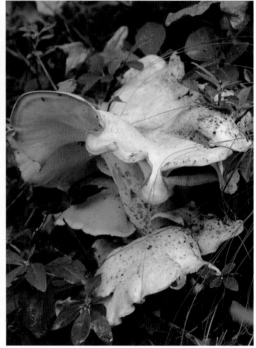

갓 표면에 미세한 털이 있는 자실체 ♪

대는 원통형으로 기부에 여러 개가 뭉쳐 있다 ♪

편심형이 대 ♪

↳ 약간 쓴맛이 난다.

↳ 안쪽으로 말려 있는 갓 끝

달�걀버섯

Amanita hemibapha (Berk. and Broome) Sacc.

분류 담자균문 Basidiomycota | **주름버섯강** Agaricomycetes | 주름버섯목 Agaricales |
광대버섯과 Amanitaceae | 광대버섯속 Amanita

형태적 특징 달걀버섯의 어린 버섯은 백색의 알에 싸여 있으며, 성장하면서 정단 부위의 외피막이 파열되어 갓과 대가 나타난다. 갓의 지름은 5~20㎝ 정도로 초기에는 반구형이나 성장하면서 편평하게 펴진다. 표면은 적색 또는 적황색이고, 둘레에 방사상의 선이 있다. 주름살은 떨어진주름살형이며, 약간 빽빽하고, 황색이다. 대의 길이는 10~20㎝ 정도이며, 원통형으로 위쪽이 다소 가늘고, 성장하면서 속이 빈다. 대의 표면은 황색 또는 적황색의 섬유상 인편이 있고, 대의 위쪽에는 등황색의 턱받이가 있으며, 기부에는 두꺼운 백색 대주머니가 있다. 포자문은 백색이며, 포자 모양은 광타원형이다.

발생 시기 및 장소 여름부터 가을까지 활엽수림, 침엽수림, 혼합림 내 땅 위에 홀로 나거나 흩어져서 발생하는 외생균근성 버섯이다.

식용 가능 여부 식용버섯

분포 한국, 중국, 일본, 스리랑카, 북아메리카

참고 고대 로마시대 네로 황제에게 달걀버섯을 진상하면 그 무게를 달아 같은 양의 황금을 하사했다는 기록이 있다.

ㄴ 백색 외피막에 싸인 자실체

ㄴ 외피막에 싸인 자실체

ㄴ 외피막을 뚫고 나온 자실체

대주머니가 광대버섯 중에서 큰 편이다. ↗

성상 후 편평하게 펴지는 갓 ↗

갓 가장자리에 방사상의 홈선이 있다.

어린 자실체의 단면

대공그물버섯

Boletus subtomentosus L.

 분류   담자균문 Basidiomycota | **주름버섯강** Agaricomycetes | 그물버섯목 Boletales | 그물버섯과 Boletaceae | 그물버섯속 Boletus

다각형인 관공   상처를 입으면 청변하는 관공

형태적 특징 대공그물버섯의 갓은 지름이 5~10㎝ 정도로 초기에는 평반구형이나 성장하면서 편평하게 펴진다. 표면은 매끄럽고, 황록갈색 또는 회갈색이며, 종종 표피가 갈라져 연한 황색의 조직이 보인다. 관공은 완전붙은관공형이고, 녹황갈색이나 상처가 나면 청색으로 변한다. 대의 길이는 5~10㎝ 정도이며, 위아래 굵기가 비슷하고, 표면은 황록갈색 또는 황갈색이며 세로로 줄이 있다. 포자문은 황록색이며, 포자 모양은 타원형이다.

발생 시기 및 장소 여름부터 가을까지 활엽수림, 침엽수림, 혼합림, 풀밭 내 땅 위에 홀로 또는 무리지어 발생한다.

식용 가능 여부 식용버섯

분포 한국, 북반구 일대, 보르네오, 오스트레일리아

참고 관공 부위에 상처를 주면 청색으로 변한다.

관공이 녹황갈색을 띠는 자실체   풀밭 내 땅 위에 홀로 또는 무리지어 발생

들주발버섯

Aleuria aurantia (Pers.) Fuckel

분류 자낭균문 Ascomycota | **주발버섯강** Pezizomycetes | 주발버섯목 Pezizales | 털접시버섯과 Pyronemataceae | 들주발버섯속 Aleuria

↳ 산길이나 나지에 무리지어 발생

형태적 특징 들주발버섯의 자실체는 접시 또는 컵 모양이고, 대가 없다. 폭은 1~10 cm로 드물게는 12cm도 있으며 초기에 컵 모양이지만 성장하면서 접시형 또는 불균형접시형으로 된다. 포자가 형성되는 자실층은 밝은 등황색 또는 등적색이고, 평활하며, 바깥쪽 면은 옅은 등황색 또는 옅은 오렌지색이며 가장자리는 평활하다. 조직은 얇고 쉽게 잘 부서진다. 자낭의 크기는 185~200×10~13㎛이며, 8-자낭포자를 내포하고 있고, 자낭의 정단 부위는 요오드용액에 푸른색을 띠지 않는다. 자낭포자의 크기는 14~16×9~11㎛이고 타원형이며, 표면에는 망목이 있다. 측사의 정단 부위 폭은 8~10㎛이고, 장곤봉형이다.

발생 시기 및 장소 봄부터 늦가을까지 산길이나 나지에 무리지어 발생한다.

식용 가능 여부 식용버섯

분포 한국, 중국 등 북반구 일대

↳ 밝은 등황색을 띤 자실층

↳ 대가 없는 자실체

땅찌만가닥버섯

Lyophyllum shimeji (Kawam.) Hongo

분류 담자균문 Basidiomycota **| 주름버섯강** Agaricomycetes **|** 주름버섯목 Agaricales **|**
만가닥버섯과 Lyophyllaceae **|** 만가닥버섯속 Lyophyllum

형태적 특징 땅찌만가닥버섯의 자실체는 송이형 또는 애기버섯형으로 갓은 크기가 3.5~10.5㎝로 성장 초기에는 원추상반구형 또는 원추상반반구형이고, 갓 끝은 안쪽으로 말려 있으나 성장하면 갓 끝이 편평하게 펴지며, 종종 중앙볼록편평형 또는 중앙오목편평형으로 된다. 표면은 평활하고 건성이며, 성장 초기에는 암갈색을 띠나 성장하면 회색 또는 옅은 회갈색을 띤다. 조직은 두껍고 육질형이며 치밀하고, 백색이며 상처를 입어도 변하지 않는다. 맛은 부드럽고, 냄새는 전형적인 버섯 향이며 특별한 향이 없다. 주름살은 대에 홈주름살 또는 짧은내린주름살로 좁고 빽빽하며, 백색 또는 옅은 황색이고, 주름살날은 평활하다. 대는 3.5~7.5㎝(대의 기부 0.6~2.5㎝)로 원통형이고, 성장 초기에는 대부분 기부 쪽이 굵으나 성장하면 위아래 굵기가 비슷하다. 표면은 평활하며, 종으로 섬유질이 있고, 회백색 또는 백회색을 띠며, 옅은 회갈색 섬유질이 종으로 있다. 조직은 치밀하고 육질이며 백색이다. 포자문은 백색이고, 포자 모양은 구형 또는 유구형이며, 표면은 평활하고 멜저용액에서 비아밀로이드이다.

발생 시기 및 장소 가을에 송이가 질 무렵 참나무림 내 또는 참나무와 소나무가 혼재한 지상에 흩어져 나거나 소수 무리지어 발생한다. 외생균근균이다.

식용 가능 여부 식용버섯

분포 한국, 일본, 동아시아

참고 일본인들은 옛날부터 향은 송이가 제일이고 맛은 땅찌만가닥버섯을 제일로 여겼다. 그래서 일본에서는 버섯 이름 끝에 시메지(しめじ)란 단어를 많이 사용하고 있다.

└ 안쪽으로 말려있는 갓 끝

성장하면 편평하게 펴지는 갓 끝

어린 자실체

소수 무리지어 발생한 자실체

╰ 표면은 성장 초기에는 암갈색을 띠나 성장하면 회갈색을 띤다.   ╰ 건성인 갓 표면

╰ 송이형 또는 애기버섯형의 자실체

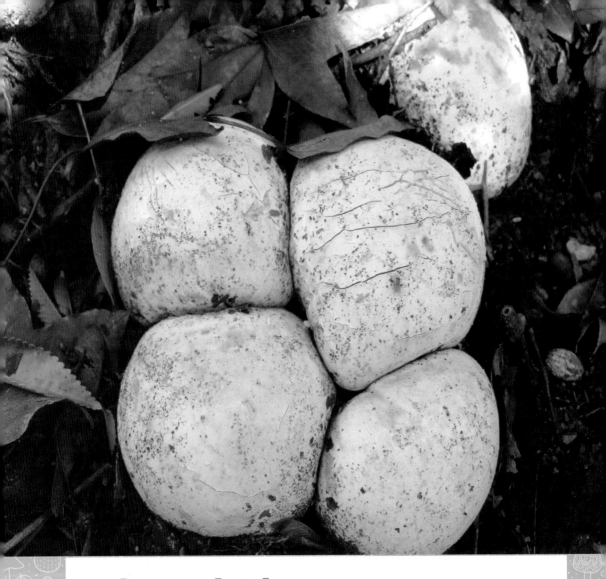

말뚝버섯

Phallus impudicus L.

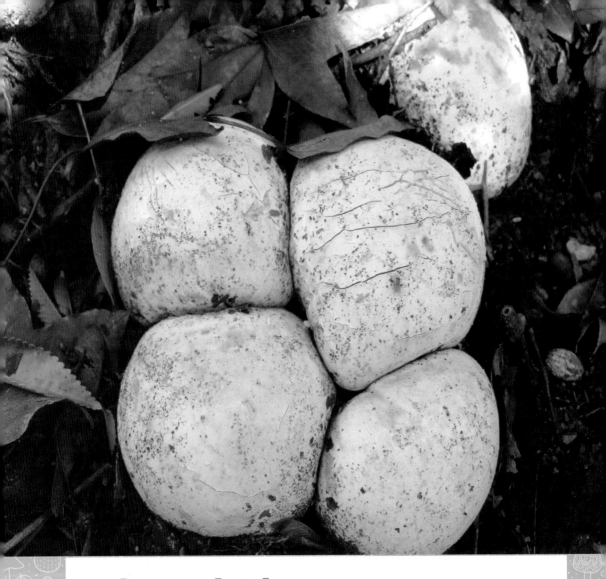 **분류** 담자균문 Basidiomycota | **주름버섯강** Agaricomycetes | 말뚝버섯목 Phallales |
말뚝버섯과 Phallaceae | 말뚝버섯속 Phallus

백색의 알

형태적 특징 말뚝버섯의 자실체는 어릴 때 백색의 알 속에 싸여 있다. 어린 버섯의 크기는 4~5㎝ 정도이며, 알 모양이고, 반지중생이다. 어린 버섯을 위에서 아래로 잘라보면 머리의 둥근 부위와 대의 초기 형태가 있다. 머리 표면에는 흑갈색의 점액질인 기본체가 있으며, 연한 황색의 젤라틴층이 두껍게 싸여 있어 기본체를 보호하고, 기본체는 성장할 때 영양원으로 이용된다. 외부는 백색의 외피막으로 둘러싸여 있고, 기부에는 뿌리 모양의 균사속이 1개 이상 있으며, 백색이다. 버섯은 성숙하면 외피막의 정단 부위가 갈라지면서 원통형의 대가 위로 성장한다. 대 속은 비어 있으며, 표면은 백색이고 잘 부서진다. 대의 정단 부위에는 연한 황색을 띠는 머리가 있는데 망목형이고, 그 속에 흑갈색의 점액인 기본체가 있고, 그 속에 포자를 형성한다. 점액인 기본체에서 심한 악취가 난다. 포자는 담황백색이며, 긴 타원형이다.

발생 시기 및 장소 여름부터 가을까지 산림 내 부식질이 많은 땅 위에 홀로 나거나 무리지어 발생하며, 부생생활을 한다.

식용 가능 여부 식용, 약용버섯

분포 한국, 전 세계

머리 부분의 흑갈색 점액질에 포자가 있다.

올리브색의 포자를 알 속에 가지고 있다.

백색의 알 속에 있는 자실체 ↷

두 달 정도 알의 형태가 지속된다. ↷

ㄴ 건조하면 외피막의 흔적을 머리에 가지고 있기도 한다.

ㄴ 백색 부분은 대를 형성한다.

말불버섯

Lycoperdon perlatum Pers.

 분류 담자균문 Basidiomycota | **주름버섯강** Agaricomycetes | 주름버섯목 Agaricales |

주름버섯과 Agaricaceae | 말불버섯속 Lycoperdon

형태적 특징 말불버섯의 자실체는 지름이 2~6㎝ 정도, 높이는 3~6㎝ 정도이며, 원추형이다. 표면은 백색이나 차차 황갈색으로 변하고, 윗부분에는 흑갈색의 작은 피라미드형의 돌기가 무수히 부착되어 있고, 만지면 쉽게 떨어진다. 자실체의 측면과 아래쪽에는 종으로 난 주름이 있으며, 흑갈색의 돌기가 있다. 버섯이 성장하면 정단 부위에 하나의 구멍이 생기는데, 그곳으로 포자가 분출된다. 포자는 갈색이며, 구형이다.

발생 시기 및 장소 여름부터 가을까지 산림 내 부식질이 많은 땅 위에 홀로 나거나 무리지어 발생하며, 부생생활을 한다.

식용 가능 여부 식용버섯

분포 한국, 전 세계

참고 좀말불버섯과 모양이 비슷하나, 좀말불버섯은 나무에서 발생하고 본 종은 낙엽부식층이나 유기물이 많은 토양에서 발생하는 것이 다르다.

만지면 쉽게 탈락되는 돌기

쉽게 떨어지는 표면의 갈색 돌기

원추형의 자실체 안에 성숙한 포자가 있다.

만지면 쉽게 탈락되는 돌기 ♪

어린 버섯은 자르면 백색을 띤다. ♪

ㄴ 중앙 부위는 다소 돌출되어 있는 자실체

ㄴ 낙엽 부식층이나 유기물이 많은 토양에서 발생

말징버섯

Calvatia craniiformis (Schwein.) Fr.

분류 담자균문 Basidiomycota | **주름버섯강** Agaricomycetes | 주름버섯목 Agaricales | 주름버섯과 Agaricaceae | 말징버섯속 Calvatia

└ 얇은 황갈색의 외피막을 가진 자실체　　　　　└ 부식질이 많은 토양에 발생

형태적 특징　말징버섯의 자실체는 지름이 5~8㎝ 정도, 높이는 5~10㎝ 정도이고 구형이다. 외피막은 얇고 연한 황갈색 또는 황토색이며, 내피막은 얇고 황색 또는 연한 적색이다. 내부의 조직은 초기에는 백색이나 성장하면 황색의 카스테라와 같으며 포자가 형성되면 갈색으로 변하고 분질상이 된다. 표피는 낡은 스폰지 모양으로 된 조직을 노출시키고, 포자는 비나 바람에 의해 외피가 부서지면 밖으로 노출되어 바람에 날린다. 대는 3~5㎝ 정도이고, 기부 쪽이 가늘며 황갈색을 띤다. 포자는 연한 갈색이며, 포자 모양은 구형이다.

발생 시기 및 장소　여름부터 가을까지 낙엽 위나 부식질이 많은 땅 위에 홀로 나거나 무리지어 발생하며, 부생생활을 한다.

식용 가능 여부　어린 버섯은 식용하지만 성숙하면 조직이 모두 분질상의 포자로 변하므로 식용할 수 없게 된다.

분포　한국, 전 세계

참고　말불버섯과의 다른 종들보다 자실체가 크다는 특성이 있다.

└ 담황갈색을 띠는 자실체 표면　　　└ 포자는 비나 바람에 의해 외피가 벗겨지면서 바람에 날린다.

망태말뚝버섯

Phallus indusiatus Vent.

 분류 담자균문 Basidiomycota | **주름버섯강** Agaricomycetes | 말뚝버섯목 Phallales |
말뚝버섯과 Phallaceae | 말뚝버섯속 Phallus

형태적 특징 망태말뚝버섯의 어린 알은 일반적으로 백색이지만 문지르면 옅은 적자색을 띠는 것도 있으며, 난형 또는 구형이고, 반지중생이다. 이것을 세로로 자르면 대와 갓 그리고 갓과 대 그 사이에 백색의 그물치마(indusium)의 초기 형태가 있다. 자실체의 갓 표면에는 짙은 녹갈색의 기본체가 있으며, 그 외부는 옅은 황색의 두꺼운 젤라틴층이 있고, 외부는 백색의 막질인 외피막으로 둘러싸여 있다. 기부에는 뿌리 모양의 균사속(rhizoid)이 있으며, 대나무의 잎, 뿌리 또는 넘어진 대나무에 뻗어 있다. 성숙하면 외피막의 정단 부위가 갈라지며, 원통상의 대가 위로 빠르게 신장된다. 대의 속은 비어 있으며, 표면은 백색으로 무수한 홈이 있고, 잘 부서진다. 대의 상단부에는 머리 모양의 갓이 있다. 갓은 원추상종형이며, 표면은 백색 또는 옅은 황색을 띠고, 망목상의 융기가 있으며, 짙은 녹갈색의 점액인 기본체가 덮여 있고 그 속에 포자를 형성하며, 악취가 심하다. 정단부는 백색의 돌기가 있으며, 속은 뚫려 대 기부까지 관통되어 있다. 갓과 대 사이에서 백색의 그물치마가 빠르게 아래쪽으로 자라며, 대부분 대 기부까지 자란다. 대 기부에는 백색의 두꺼운 대주머니가 있다.

발생 시기 및 장소 주로 여름 장마철과 가을에 죽림 내에 무리지어 발생한다.

식용 가능 여부 식용버섯

분포 한국(남부 주로 경남, 전남지역), 일본, 중국, 북아메리카, 오스트리아

참고 망태말뚝버섯은 그물치마가 대부분 대 기부까지 자라며, 백색이고, 대나무림에서 발생한다는 점이 특징적이다. 유럽에서는 queen mushroom(여왕버섯)이라 불리고 있으며, 매우 우아하고 아름다운 버섯으로 알려져 있다.

대나무 숲에서 발생

세로로 자른 어린 자실체

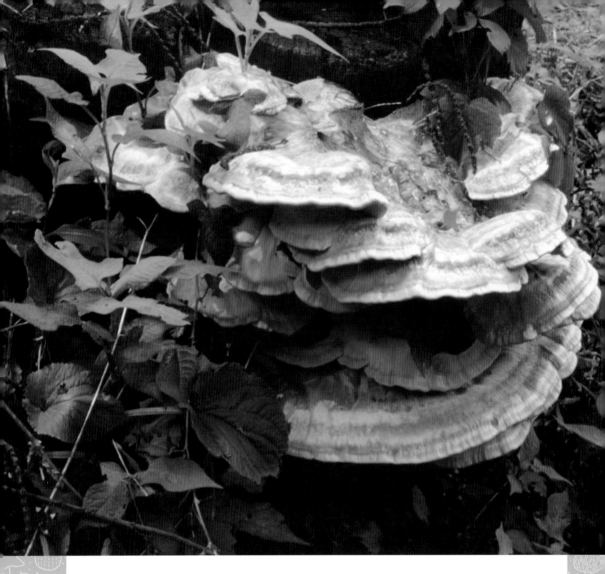

명아주개떡버섯

Tyromyces sambuceus (Lloyd) Imazeki

분류 담자균문 Basidiomycota | **주름버섯강** Agaricomycetes | 구멍장이버섯목 Polyporales |
구멍장이버섯과 Polyporaceae | 개떡버섯속 Tyromyces

형태적 특징 명아주개떡버섯의 갓은 지름이 10~30㎝, 두께는 1~5㎝ 정도이며, 반원형 또는 편평형이다. 표면은 백색 또는 암갈색이고, 조직은 백색이며, 부드러운 가죽질이다. 대는 없고 기주에 붙어 생활한다. 관공은 0.2~1.5㎝ 정도이며, 갓과 같은 색이고, 관공구는 0.1㎝ 이하로 부정형 또는 다각형이며, 미세하다. 포자문은 백색이고, 포자 모양은 타원형이다.

발생 시기 및 장소 봄부터 여름까지 활엽수의 고목에 발생하며, 부생생활을 한다.

식용 가능 여부 어린 버섯은 식용 가능하다.

분포 한국, 일본

ㄴ 갓의 표면은 딱딱하고 대가 없다.

ㄴ 자실층은 관공형이고 관공구는 다각형이며 미세하다.

ㄴ 대는 없고 기주에 붙어서 생활

목이

Auricularia auricula-judae (Bull.) Quél.

 분류 담자균문 Basidiomycota | **주름버섯강** Agaricomycetes | 목이목 Auriculariales | 목이과 Auriculariaceae | 목이속 Auricularia

형태적 특징 목이의 크기는 2~10㎝ 정도이고, 주발 모양 또는 귀 모양 등 다양하며, 젤라틴질이다. 갓 윗면(비자실층)은 약간 주름져 있거나 파상형이며, 미세한 털이 있다. 색상은 홍갈색 또는 황갈색을 띠며, 노후되면 거의 검은색으로 된다. 갓 아랫면(자실층)은 매끄럽거나 불규칙한 간맥이 있고, 황갈색 또는 갈색을 띤다. 조직은 습할 때 젤라틴질이며, 유연하고 탄력성이 있으나, 건조하면 수축하여 굳어지며, 각질화된다. 자실체는 건조된 상태로 물속에 담그면 원상태로 되살아난다. 포자문은 백색이고, 포자 모양은 콩팥형이다.

발생 시기 및 장소 봄부터 가을 사이에 활엽수의 고목, 죽은 가지에 무리지어 발생한다.

식용 가능 여부 식용버섯

분포 한국, 전 세계

참고 털목이와 유사하나 털목이는 갓 표면에 회백색의 거친 털이 있어 본종과 구분된다. 목이는 '나무의 귀'라는 뜻이다.

ㄴ 자실층에는 불규칙한 간맥이 있다.

ㄴ 젤라틴질의 귀 모양의 자실체

ㄴ 갓은 홍갈색 또는 황갈색을 띤다.

밀꽃애기버섯

(구명: 말버섯, 말애기버섯)

Gymnopus confluens (Pers.) Antonín, Halling & Noordel.

🍄 **분류** 담자균문 Basidiomycota | **주름버섯강** Agaricomycetes | 주름버섯목 Agaricales |
화경버섯과 Omphalotaceae | 꽃애기버섯속 Gymnopus

낙엽에 무리지어 발생하는 자실체

형태적 특징 밀꽃애기버섯 갓의 지름은 0.8~3㎝ 정도이며, 초기에는 반반구형이나 성장하면서 편평형이 되고, 종종 끝이 위로 반전된다. 중앙 부위는 배꼽 모양으로 들어가거나 돌출되는 경우도 있다. 표면은 매끄러우며, 적갈색으로 다소 주름져 있고, 성장하면서 옅은 황갈색 또는 거의 백색으로 퇴색된다. 이때 중앙 부분은 암색으로 주변보다 짙다. 주름살은 대에 끝붙은주름살형이며, 좁고 빽빽하며, 분홍백색을 띤다. 대의 길이는 3~5㎝ 정도이고 원통형이며, 위아래 굵기가 비슷하고, 종종 편압되어 있다. 속은 차 있으나 점차 빈다. 포자문은 백색 또는 옅은 황색이며, 포자 모양은 긴 타원형이다.

발생 시기 및 장소 여름에서 가을까지 혼합림 내 낙엽 위에 무리지어 발생한다.

식용 가능 여부 식용 가능하며, 맛과 향이 부드럽다.

분포 한국, 북반구 일대, 아프리카, 유럽

참고 주름살이 좁고 빽빽하며, 대의 표면에 미세한 털이 밀포되어 있다.

대 기부는 흑갈색을 띠고 편압되어 있다.

위아래 굵기가 비슷한 대

대 표면에 면모상 털이 밀포되어 있다. 🗸

무리지어 발생하는 자실체 🗸

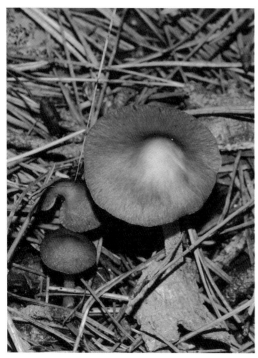

ㄴ 배꼽 모양으로 돌출된 갓

ㄴ 옅은 황갈색으로 퇴색되는 갓 표면

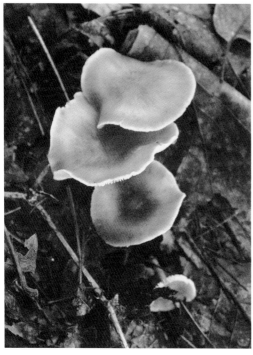

ㄴ 중앙 부분이 암색으로 주변보다 짙다.

ㄴ 위로 반전된 갓

배젖버섯

Lactarius volemus (Fr.) Fr.

 분류 담자균문 Basidiomycota | **주름버섯강** Agaricomycetes | 무당버섯목 Russulales |
무당버섯과 Russulaceae | 젖버섯속 Lactarius

형태적 특징 배젖버섯의 갓은 지름이 5~12㎝ 정도이며, 처음에는 반반구형이며 갓 끝이 안쪽으로 굽어 있으나 성장하면서 갓 끝이 펴지고 중앙이 들어간 깔때기 모양이 된다. 갓 표면은 매끄럽거나 가루 같은 것이 있으며, 황갈색을 띤다. 조직은 백색이며, 상처를 주면 백색의 유액이 나오고 후에 갈색으로 변한다. 주름살은 내린주름살형이며 다소 빽빽하고, 백색 또는 연한 황색이며, 상처를 주면 백색의 유액이 다량 분비되며, 후에 갈색으로 변한다. 대의 길이는 3~10㎝ 정도이고, 원통형으로 아래쪽이 가늘다. 유액의 맛은 자극적이지 않다. 대의 표면은 갓과 같은 색을 띤다. 포자문은 백색이고, 포자 모양은 구형이며 표면에 망목이 있다.

발생 시기 및 장소 여름부터 가을까지 활엽수림의 땅 위에 홀로 또는 무리지어 발생하며 나무 뿌리와 공생하는 균근성 버섯이다.

식용 가능 여부 식용버섯

분포 한국, 북반구 온대 이북

참고 북한명은 젖버섯이다.

ㄴ 유액의 양은 많고 맛은 부드럽다.

ㄴ 우윳빛의 유액

ㄴ 백색의 주름살

버터철쭉버섯 <small>(구명: 버터애기버섯)</small>

Rhodocollybia butyracea (Bull.) Lennox

분류 담자균문 Basidiomycota | **주름버섯강** Agaricomycetes | 주름버섯목 Agaricales |
화경버섯과 Omphalotaceae | 철쭉버섯속 Rhodocollybia

124

형태적 특징 버터철쭉버섯 갓의 지름은 3~6㎝ 정도이며, 초기에는 반반구형이고 끝은 안쪽으로 굽어 있으나 성장하면서 끝이 점차 편평하게 되고 중앙 부위는 약간 볼록하다. 표면은 매끄럽고 암적갈색 또는 연한 황토색을 띠며, 버터 표면과 같은 느낌을 준다. 조직은 얇고 유백색이나 갓 표피 하층은 연한 갈색을 띠며, 맛은 부드럽고 냄새는 불분명하다. 주름살은 대에 끝붙은 주름살형이며, 빽빽하고, 초기에는 백색이나 성장하면 적갈색의 얼룩이 생기며, 주름살 끝은 평활하다. 대의 길이는 2~7㎝, 굵기는 0.2~0.5㎝ 정도이며, 기부와 부착된 부분이 약간 굵고 백색의 털이 나 있다. 포자문은 연한 황색이며, 포자 모양은 타원형이다.

발생 시기 및 장소 여름에서 가을까지 침엽수림이 많은 숲 속 낙엽 위에 무리지어 발생하는 낙엽분해성 버섯이다.

식용 가능 여부 식용버섯

분포 한국, 북반구 일대

참고 갓과 대의 색이 갈황색이고, 갓 표면은 버터와 같은 느낌을 주어 버터철쭉버섯이라 한다.

ㄴ 반원형의 매끄러운 갓을 가진 자실체

ㄴ 중앙 부위가 약간 볼록한 갓

ㄴ 성장하면 갓 끝이 올라간다.

매끄러운 갓 표면 ♪

백색 포자를 가진 주름살 ♪

대는 아래쪽으로 갈수록 굵다. ♪

ㄴ 반전되는 갓

ㄴ 갓이 버터 표면과 같은 느낌을 준다.

볏싸리버섯

Clavulina coralloides (L.) J. Schröt.

 분류　담자균문 Basidiomycota | **주름버섯강** Agaricomycetes | 꾀꼬리버섯목 Cantharellales |
창싸리버섯과 Clavulinaceae | 볏싸리버섯속 Clavulin

ㄴ 산호 모양의 자실체

ㄴ 가늘게 갈라진 분지 끝

형태적 특징 볏싸리버섯은 높이 2~8㎝, 너비 3~7㎝ 정도이며 전체가 산호 모양이며, 분지가 많고, 분지 끝은 가늘게 갈라졌다. 자실층은 평활하고, 처음에는 전체가 백색이나 성장하면서 연한 황색 또는 연한 회갈색으로 변한다. 조직은 탄력이 있고, 백색이다. 포자문은 백색이며, 포자 모양은 구형이다.

발생 시기 및 장소 여름부터 가을까지 혼합림 내 땅 위에 뭉쳐서 발생한다.

식용 가능 여부 식용버섯

분포 한국, 동남아시아, 온대지방

ㄴ 뭉쳐서 발생한 자실체

ㄴ 전체가 백색인 자실체

부채버섯

Panellus stipticus (Bull.) P. Karst.

 분류 담자균문 Basidiomycota | **주름버섯강** Agaricomycetes | **주름버섯목** Agaricales | 애주름버섯과 Mycenaceae | 부채버섯속 Panellus

죽은 고목 또는 가지 위에 발생한 자실체

형태적 특징 부채버섯의 자실체는 둔한 부채형으로 갓은 직경이 1~2㎝로 소형이며, 모양은 초기에 반반구형 또는 편평상 반반구형이며, 노숙하면 종종 갓 끝 부위가 다소 물결형(crenulate)으로 된다. 표면은 건성이며, 면상 미모가 있고, 드물게는 2~4개의 동심원상의 띠가 보이며 황토색 또는 담황토색이나 건조하면 암갈색으로도 된다. 조직은 얇고 질기며, 담황토색이다. 맛은 약간 매운맛이 있고, 무취이다. 주름살은 부채살 모양으로 배열되어 있고, 좁으며 약간 빽빽하고 종종 포크형이며, 담황토 황색 또는 담분홍 황토색이다. 대는 크기가 0.6~1.2㎝로, 대부분 편심형이고 드물게는 측형이며 표면은 평활하나 기부에 백색의 미세한 섬유상 털이 있다. 포자문은 백색이며 포자 모양은 긴 타원형 또는 소시지형이며, 표면은 평활하고, 멜저용액에서 아밀로이드이다.

발생 시기 및 장소 늦은 여름에서 가을까지 활엽수의 죽은 고목 또는 가지 위에 다수 무리지어 발생한다.

식용 가능 여부 식용버섯

분포 한국, 북반구 온대, 이북

참고 Buller(1924)은 북미산 *P. stipticus*의 주름살이 발광성이라 하였으나 국내종에서는 주름살이 발광성이 아니다.

부채살 모양의 주름살

편심형의 대

분홍느타리

Pleurotus djamor (Rumph. ex Fr.) Boedijn

 분류 담자균문 Basidiomycota **ǀ 주름버섯강** Agaricomycetes **ǀ 주름버섯목** Agaricales **ǀ**
느타리과 Pleurotaceae **ǀ** 느타리속 Pleurotus

형태적 특징 분홍느타리의 갓은 크기가 0.3~1.4㎝로 성장 초기에는 반반구형이고, 갓 끝 부위는 안쪽으로 말려 있으나 성장하면 점차 펼쳐져 부채형 또는 조개형이 되며, 끝 부위는 다소 파상의 굴곡이 있다. 표면은 평활하거나 다소 면모상이고, 어리고 신선할 때에는 아름다운 분홍색을 띠나 성장하면 퇴색한다. 조직은 옅은 분홍색을 띠며 탄력성이 있고, 특히 대 기부 쪽은 질기고 탄력성이 강하다. 다소 밀가루 냄새가 있다. 주름살은 대에 긴내린주름살이고, 다소 빽빽하며, 선명한 분홍색을 띤다. 주름살날은 평활하다. 대는 0.8~3㎝로 주로 측생이고, 기부는 종종 백색 균사로 덮여 있으며, 대부분 대의 발육이 저조하여 버섯 전체의 모양이 주걱 또는 조개형이다. 포자문은 분홍색이며 포자 모양은 원통형이다. 포자벽은 얇고 무색이며 비아밀로이드이다.

발생 시기 및 장소 여름부터 가을 사이에 버드나무, 포플러 등 활엽수의 그루터기 또는 고사목에 다수 무리지어 발생한다.

식용 가능 여부 식용버섯

분포 한국, 일본, 러시아

참고 본 종은 아름다운 분홍색을 띤다는 점에서 느타리버섯류 종에서 다른 종과 구별이 쉽지만 싱가폴에서 보고된 *Pleurotus djarmor* (Fr.) Boedijn var. roseus Han & al.은 분홍색을 띤다는 점에서는 비슷하지만 포자문이 백색이란 점에서 다르다. 또한 일반적인 느타리버섯 재배방법에 의해서 인공재배가 가능하나, 성숙하면 균사가 섬유질화되어 질기다는 단점이 있으므로 앞으로 이 점을 개선하여 새로운 품종을 육성한다면 매우 훌륭한 식용버섯으로서 널리 보급될 것으로 본다.

파상의 굴곡이 있는 갓 끝

대에 내린 긴 주름살 ↗

뭉쳐서 발생하는 자실체 ↗

ㄴ 안쪽으로 말린 갓 끝

ㄴ 부채형 또는 조개형의 자실체

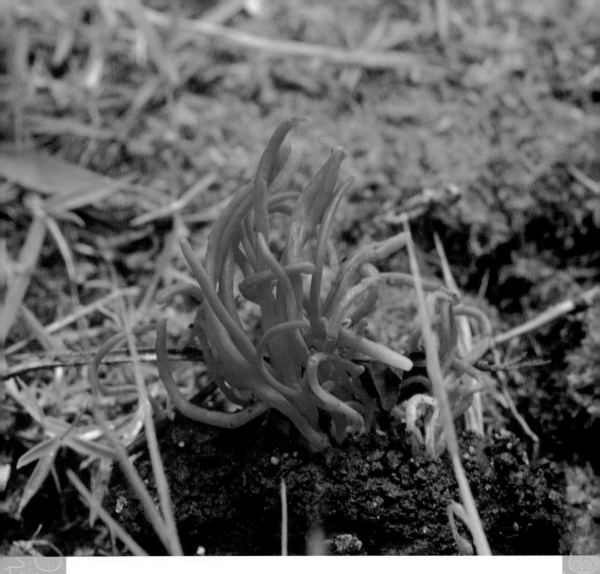

붉은창싸리버섯

Clavulinopsis miyabeana (S. Ito) S. Ito

분류 담자균문 Basidiomycota | **주름버섯강** Agaricomycetes | 주름버섯목 Agaricales |
국수버섯과 Clavariaceae | 창싸리버섯속 Clavulinopsis

형태적 특징 붉은창싸리버섯 자실체의 높이는 3.5~11㎝이고 굵기는 0.2~1㎝로 긴 방추형 또는 부추 모양이며 종종 한쪽 면이 종으로 편압되어 있으며, 끝 부위는 뾰족하고 굽어 있다. 표면은 평활하며, 적색 또는 등적색이고, 성장하면 점차 퇴색되어 옅은 황토자색 또는 옅은 황갈색을 띠며, 기부는 백색을 띠고, 균사모가 있다. 자실층은 거의 표면 전체에 분포되어 있으며, 평활하고, 기부 쪽의 대와 구별이 불분명하다. 조직은 표면과 거의 같은 등적색을 띠며, 속은 비어 있고 잘 부서진다. 맛과 향기는 불분명하다. 포자문은 백색이며, 포자는 크기가 6.5~7.8×6~7.2㎛로 모양은 유구형 또는 구형이며, 표면은 평활하고, 멜저용액에서 비아밀로이드이다.

발생 시기 및 장소 가을에 침엽수림(특히 적송) 내의 지상에 뭉쳐서 또는 무리지어 발생한다.

식용 가능 여부 식용버섯

분포 한국, 일본

참고 본 종은 침엽수 특히 적송림 내의 지상에 종종 수백 개의 개체가 함께 무리지어 발생하고, 아름다운 적등색 또는 등황적색을 띤 국수 모양이라는 점에서 특징적이다. 국내에서는 다소 드물게 발생한다.

등적색의 어린 자실체

국수 모양의 자실체

빨간난버섯

Pluteus aurantiorugosus (Trog) Sacc.

 분류 담자균문 Basidiomycota | **주름버섯강** Agaricomycetes | 주름버섯목 Agaricales |
난버섯과 Pluteaceae | 난버섯속 Pluteus

형태적 특징 빨간난버섯의 갓은 지름이 2~5㎝ 정도이며, 처음에는 종형이나 성장하면서 중앙볼록편평형이 된다. 갓 표면은 전체적으로 황적색을 띠며, 가운데 부분이 더 진한 색을 띠고 습할 때 가장자리 쪽으로 방사상의 선이 보인다. 주름살은 끝붙은주름살형이며, 처음에는 백색이나 성장하면서 연한 황색이 된다. 대의 길이는 3~4㎝ 정도이며, 백색이고, 위아래 굵기가 비슷하고, 위쪽으로 갈수록 연한 황색을 나타낸다. 속은 비어 있다. 포자문은 백색이며, 포자 모양은 구형이다.

발생 시기 및 장소 여름부터 가을까지 참나무류의 썩은 목재에 흩어져 발생하며, 부생생활을 한다.

식용 가능 여부 식용버섯

분포 한국, 일본, 유럽, 북반구 온대

참고 자실체의 색깔이 전체적으로 담홍색 또는 빨간색을 띠며, 참나무류에만 자생하는 특징이 있다.

참나무 부후목에 발생하는 자실체

황적색의 갓 표면

습하면 방사상의 홈선이 나타난다.

뿔나팔버섯

Craterellus cornucopioides (L.) Pers.

🍄 **분류**　담자균문 Basidiomycota | **주름버섯강** Agaricomycetes | 꾀꼬리버섯목 Cantharellales |
꾀꼬리버섯과 Cantharellaceae | 뿔나팔버섯속 Craterellus

꽃 혼합림 내 토양에서 발생한다.

형태적 특징 뿔나팔버섯 갓의 지름은 1~5㎝ 정도이며, 전체 길이는 5~10㎝ 정도로 나팔꽃형이다. 갓 표면은 흑갈색 또는 흑색이고, 비듬상의 인피가 덮여 있다. 갓 끝은 파도형이고, 조직은 얇고 질기다. 자실층은 기복이 심한 주름상이며, 긴 내린형이고, 회색이다. 대의 길이는 3~4㎝ 정도이며, 중심부는 기부까지 뚫려 있다. 표면은 회백색이다. 포자문은 백색이며, 포자 모양은 타원형이다.

발생 시기 및 장소 여름부터 가을까지 혼합림 내 부식질이 많은 토양에서 무리지어 나거나 홀로 발생한다.

식용 가능 여부 식용버섯

분포 한국, 전 세계

꽃 중심부의 구멍은 기부까지 뚫려 있다.

꽃 나팔꽃형의 자실체

갓 표면의 흑갈색 인피

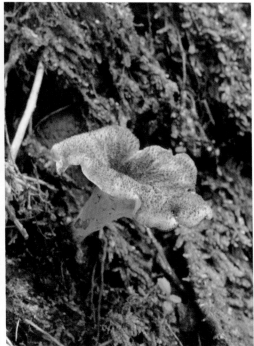

비듬상 인피가 덮여 있는 나팔꽃형의 자실체 ↗

자실층은 얕은 주름상 ↗

ㄴ 해초 모양의 검은 자실체

ㄴ 시장에서 판매하는 뿔나팔버섯

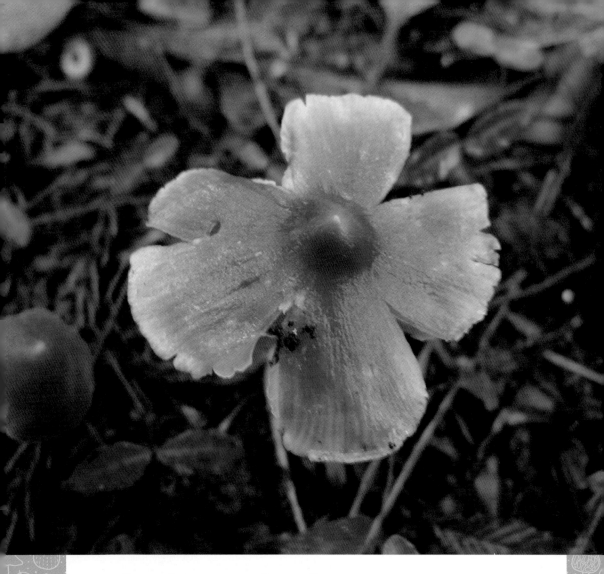

새벽꽃버섯

Hygrocybe calyptriformis (Berk.) Fayod

분류 담자균문 Basidiomycota **| 주름버섯강** Agaricomycetes | 주름버섯목 Agaricales |
벚꽃버섯과 Hygrophoraceae | 꽃버섯속 Hygrocybe

형태적 특징 새벽꽃버섯의 갓은 2.5~10㎝로 초기에는 협원추상종형이나 후에 편평하게 펴지며 중앙에 원추상 돌기가 있다. 표면은 아름다운 장미색 또는 보랏빛이 도는 장미색을 띠며, 평활하거나 방사상으로 섬유질이 있고, 성숙하면 갈분홍색으로 퇴색되며, 갓 끝 부위는 깊게 갈라지고 파상형이다. 조직은 얇고 잘 부서지며, 백색이나 갓 표피는 분홍색을 띤다. 냄새는 불분명하고 맛은 부드럽다. 주름살은 끝붙은주름살로 폭은 넓고 유편복형이며, 성글고, 초기에는 붉은 장미색을 띠나 성장하면 퇴색되어 거의 백색을 띠며, 주름살날은 치상이다. 대는 5.5~12㎝로 원통형으로 위아래 굵기가 비슷하며, 종종 뒤틀려 있다. 표면은 평활하거나 종선이 있고, 담분홍색 또는 유백색이며, 종종 종으로 갈라지고 건성이며 속은 비어 있다. 포자문은 백색이다. 포자 모양은 광타원형이며, 표면은 평활하고 무색이며, 비아밀로이드이다.

발생 시기 및 장소 여름에서 가을 사이에 초지, 산림 내 지상에 홀로 나거나 흩어져 발생한다. 국내에서 뿐만 아니라 세계적으로 매우 희귀종이다.

식용 가능 여부 식용버섯

분포 한국, 일본, 중국, 유럽, 북아메리카

참고 본종은 갓이 원추상종형이고, 장미색 또는 보라빛이 도는 장미색이란 점에서 특징적이고 쉽게 구별된다. 본종의 종소명을 *H. calyptriformis* (Berk. & Br.) Fayod 으로 하는 것이 명명법상으로 옳다고 주장(J.Breit & F.Kranzl., 1991)하고 있다. 따라서 이후 본종에 대한 명명법상 종소명에 대한 검토가 필요하다.

매우 희귀종인 자실체

어린 자실체 ↗

성숙하면 길게 갈라지고 파상형인 갓 표면 ↗

⤷ 위아래 굵기가 비슷한 대

⤷ 보라빛이 도는 장미색을 띤 갓 표면

⤷ 치상인 주름살날

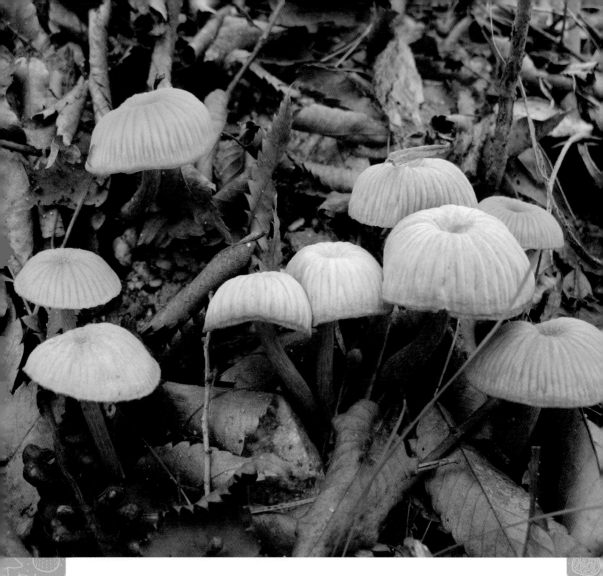

색시졸각버섯

Laccaria vinaceoavellanea Hongo

분류 담자균문 Basidiomycota | 주름버섯강 Agaricomycetes | 주름버섯목 Agaricales | 졸각버섯과 Hydnangiaceae | 졸각버섯속 Laccaria

🍄형태적 특징 색시졸각버섯의 갓은 지름이 3~8㎝ 정도로 처음에는 중앙오목반반구형이나 성장하면서 중앙오목편평형으로 된다. 갓 표면은 매끄럽거나 종종 중앙 부위에 비듬상 인편이 있으며, 습할 때 반투명선이 있고, 갓 주변에는 방사상의 주름선이 있으며, 옅은 황갈색이다. 조직은 얇고 탄력성이 있으며, 옅은 살색을 띤다. 주름살은 대에 짧은내린주름살형이며, 성글고, 갓과 같은 색을 띠며, 주름살 끝은 매끄럽다. 대의 길이는 4~9㎝ 정도이고 원통형이며, 위아래 굵기가 비슷하거나 아래쪽이 굵고, 종종 비틀려 있다. 대 표면은 건성이고, 세로로 섬유질의 선이 있고, 갓과 같은 살색을 띠며, 기부는 다소 유백색을 띠고, 탄력성이 있으며 속은 차 있다. 포자문은 백색이며, 포자 모양은 구형이다.

🍄발생 시기 및 장소 여름부터 가을까지 혼합림 내 땅 위에 홀로 또는 무리지어 발생한다.

🍄식용 가능 여부 식용버섯

🍄분포 한국, 일본

🍄참고 졸각버섯과 유사하나, 버섯 크기가 크고 포자가 구형이라는 점이 다르다.

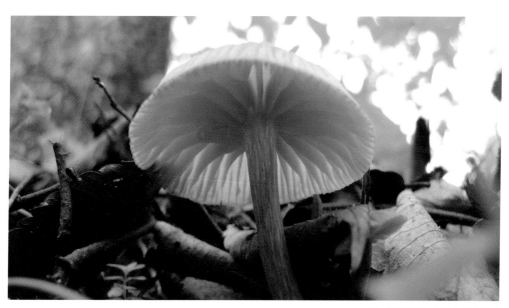

⤷ 대는 비틀려 있고 섬유상 선이 있다.

ㄴ 혼합림 내 땅 위에 홀로 또는 무리지어 발생

ㄴ 성근 주름살

ㄴ 노화된 자실체

ㄴ 습할 때 반투명선이 있는 매끄러운 갓 표면

ㄴ 건변색 현상이 있는 갓

ㄴ 주름살이 드물게 있는 자실체

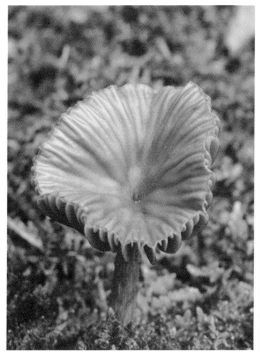

ㄴ 갓 표면의 두드러진 홈선

ㄴ 성숙하면 갓 끝이 올라가서 깔때기형을 이룬다.

ㄴ 건조하여 갓 끝이 변색

ㄴ 드물고 넓은 주름살

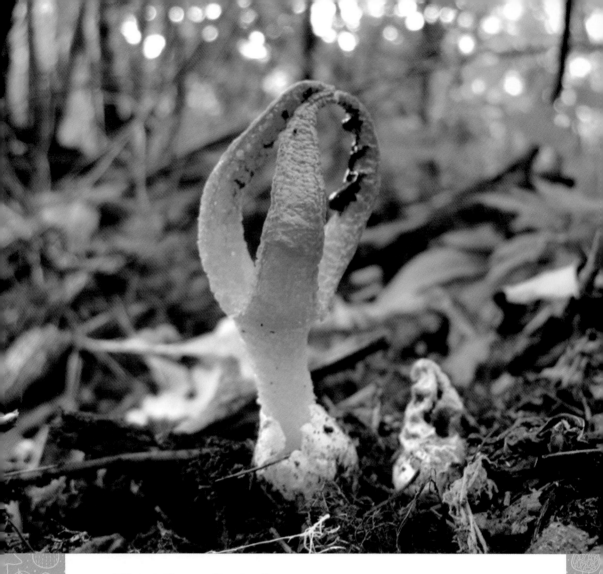

세발버섯

Pseudocolus fusiformis (E. Fisch.) Lloyd

분류 담자균문 Basidiomycota | **주름버섯강** Agaricomycetes | 말뚝버섯목 Phallales |
말뚝버섯과 Phallaceae | 세발버섯속 Pseudocolus

⎣ 세발버섯(황색종)

형태적 특징 세발버섯의 자실체는 어릴 때 백색의 알 모양의 유균에서 생성된다. 알 속에 1개의 자실체가 성장하면서 3~4개의 가닥으로 나누어지며 끝은 결합되어 있다. 성숙한 자실체의 갈라진 분지는 연한 황색 또는 주황색이고, 안쪽에는 갈색 또는 흑갈색의 점액질이 있다. 점액질에서는 심한 악취가 난다. 분지 아래쪽은 원통형으로 속이 비어 있으며, 백색이고, 상단의 분지보다 짧다. 대 기부에 백색의 대주머니가 있다. 포자는 현미경 하에서 무색이며, 긴 타원형이다.

⎣ 세발버섯(백색종)

발생 시기 및 장소 봄부터 가을까지 산림 내 부식질이 많은 땅 위에 홀로 나거나 무리지어 발생하며, 부생생활을 한다.

식용 가능 여부 어린 알일 때 식용버섯

분포 한국, 전 세계

참고 유균은 난형이고, 기부에 대주머니가 있다.

⎣ 초기 자실체는 백색의 알 모양

송이

Tricholoma matsutake (S. Ito. & S. Imai) Singer

 분류 담자균문 Basidiomycota | **주름버섯강** Agaricomycetes | 주름버섯목 Agaricales | 송이과 Tricholomataceae | 송이속 Tricholoma

형태적 특징 송이의 갓은 지름이 5~25㎝ 정도이고, 초기에는 구형이고, 가장자리 안쪽으로 말려 있다. 또한 갓은 섬유상 막질의 내피막으로 싸여 있으나, 성장하면 갓 끝이 퍼지며, 편평한 모양으로 되고 위로 올라간다. 갓 표면은 옅은 황색 바탕에 황갈색, 적갈색의 섬유상 인피 또는 누운 섬유상 인피가 있다.

조직은 백색으로 육질형이고, 치밀하며, 특유한 향기가 나고, 맛이 좋다. 주름살은 대에 홈주름살이고, 약간 치밀하며, 백색이나 성장하면서 갈색의 얼룩이 진다. 주름살 끝은 매끄럽다. 대의 길이는 5~15㎝ 정도이며, 원통형으로 위아래 굵기가 비슷하다. 턱받이 위쪽은 백색이고, 분질물이 있으며, 아래쪽은 갓과 같은 갈색 섬유상의 인피가 있다. 포자문은 무색이며, 포자 모양은 타원형이다.

발생 시기 및 장소 가을(고도의 차이가 있으나 9~10월)에 토양 온도가 19~20℃ 이하로 내려가면 적송림 내 땅 위에 흩어져 나거나 무리지어 균환 형태를 띠며 소나무 뿌리에 외생균근균을 형성하여 공생한다.

식용 가능 여부 맛과 향이 뛰어난 고급 버섯으로 식용되며, 항암버섯으로 알려져 약용되기도 한다. 일본에 수출되는 고가의 버섯으로 농가 소득원이기도 하다.

분포 한국, 중국, 일본

참고 북한명도 송이이며, 백두산에서 태백준령이 이르는 지역에서 발생된다. 잡목이 조금 있는 적송림에서 발생되며, 소나무 수령이 30~60년인 경우에 많이 발생된다.

⌐ 어린 버섯은 주름살이 턱받이에 싸여 있다.

⌐ 백색 분질물이 있는 턱받이

구형인 갓 ↗ 　　　　　　가장자리 안쪽으로 말린 갓 ↗

백색의 거미줄상의 턱받이 ↗ 　　　　적갈색의 섬유상 인피 ↗

↳ 어린 자실체

↳ 소나무 숲에 발생하는 어린 자실체

↳ 무리지어 발생한 자실체

싸리버섯

Ramaria botrytis (Pers.) Ricken

 분류　담자균문 Basidiomycota | **주름버섯강** Agaricomycetes | 나팔버섯목 Gomphales |
나팔버섯과 Gomphaceae | 싸리버섯속 Ramaria

분지 끝은 2~3개로 갈라진다.

형태적 특징 싸리버섯은 높이가 5~20㎝, 너비가 5~20㎝ 정도의 산호형이다. 대의 굵기는 5㎝ 정도이며, 위쪽으로 많은 분지가 되풀이된다. 대는 백색의 나무토막처럼 생겼으며, 분지 끝은 연한 홍색이나 연한 자색을 띤다. 대 부위의 색은 백색이나 성장하면서 황토색으로 변한다. 조직은 백색이며, 속이 차 있다. 포자문은 황토색이며, 포자 모양은 긴 타원형이다.

발생 시기 및 장소 여름부터 가을까지 활엽수림 내 땅 위에 뭉쳐서 발생한다.

식용 가능 여부 식용, 약용, 항암버섯으로 이용된다.

분포 한국, 일본, 유럽, 북아메리카

산호형의 분지가 많은 자실체

애기볏짚버섯

Agrocybe arvalis (Fr.) Singer

 분류 담자균문 Basidiomycota **ㅣ 주름버섯강** Agaricomycetes **ㅣ 주름버섯목** Agaricales **ㅣ** 포도버섯과 Strophariaceae **ㅣ 볏짚버섯속** Agrocybe

형태적 특징 애기볏짚버섯의 갓은 크기가 1.1~3.2㎝이고, 초기 모양은 반구형이나 후에 반반구형 또는 편평상 반반구형으로 된다. 표면은 평활하며 습할 때 다소 미끄럽거나 점성이 있고, 황토색 또는 황토갈색을 띤다. 종종 중앙부에 방사상의 잔주름이 있으며 주변부에는 습할 때 가는 선이 나타나기도 한다. 조직은 다소 얇으며 쓴맛이 난다. 주름살은 대에 완전붙은주름살 또는 끝붙은주름살로 암갈색으로 변한다. 대는 크기가 0.3~1㎝으로 원통형이고, 위아래 굵기가 비슷하나 종종 기부 쪽이 굵다. 대 상부의 표면은 유백색 또는 담황백색이고, 하부는 황토색이며 대 기부 쪽으로 긴 뿌리가 있고 땅속으로 들어가 있으며, 흑갈색의 연한 균핵이 매달려 있다. 균핵은 반으로 자르면

백색의 전분덩어리가 보인다. 포자문은 암갈색이며 포자 모양은 타원형이다.

발생 시기 및 장소 이른 봄에서 가을까지 유기물이 풍부한 토양이나 화전지, 초지, 도로변 등에 무리지어 발생한다.

식용 가능 여부 식용버섯

분포 한국, 유럽, 아시아, 아프리카

ㄴ 암갈색으로 변하는 주름살

ㄴ 종종 기부 쪽이 굵은 대

초기에 반구형인 어린 자실체 ♪

편평상 반반구형인 성장한 자실체 ♪

ㄴ 긴 뿌리가 있는 대 기부

ㄴ 흑갈색의 연한 균핵이 달려있는 대 기부

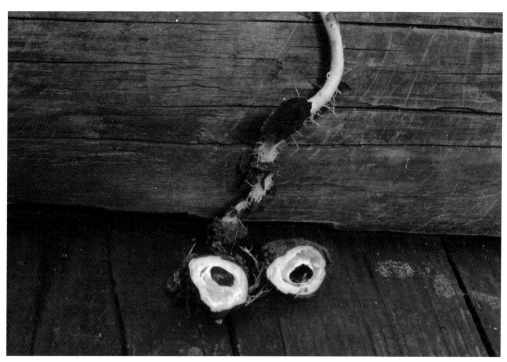

ㄴ 백색의 전분 덩어리가 보이는 균핵

양송이

Agaricus bisporus Hongo

🍄 **분류** 담자균문 Basidiomycota | **주름버섯강** Agaricomycetes | 주름버섯목 Agaricales |
주름버섯과 Agaricaceae | 주름버섯속 Agaricus

형태적 특징 양송이의 갓은 크기가 3.5~12cm이며 초기에는 반반구형 또는 구형이나 성장하면 반반구형, 중앙볼록편평형 또는 편평형이 되고, 표면은 백색 또는 담황갈색으로 초기에는 평활하나 점차 백색 또는 갈색의 섬유상 인편이 나타난다. 조직은 두껍고 육질형이며, 백색이나, 상처를 입으면 담홍색으로 변한다. 맛은 부드럽고, 일반적인 버섯 향기가 있다. 주름살은 떨어진주름살이며 빽빽하고, 초기에는 백색이나 점차 담홍색으로 되며, 완전 성숙하면 갈색 또는 암자갈색이 된다. 주름살날은 백색이고, 평활하다. 대의 크기는 3.5~7.5cm로 위아래 굵기가 비슷하거나 기부 쪽이 다소 굵거나 팽대해 있다. 표면은 백색이고, 턱받이 상부는 섬세한 섬유질 또는 미세한 섬유상 인피가 있고, 초기에는 백색이지만 성장하면 회갈색의 섬유질 인피가 있다. 대 상부에 백색의 막질로 된 턱받이가 있으며, 상부는 방사상으로 홈선이 있다. 포자문은 암자갈색이며, 포자 모양은 광타원형이고, 표면은 평활하며, 포자벽은 두껍다.

발생 시기 및 장소 여름에서 가을 사이에 잔디밭 또는 퇴비 더미 주위 등 부식질이 많은 곳에 뭉쳐서 나거나 무리지어 발생한다.

식용 가능 여부 식용버섯

분포 한국, 동아시아, 유럽, 북아메리카, 오스트레일리아, 아프리카

참고 본 종은 담자기가 전형적으로 (1) 2-포자형이며, 갈색종과 백색종이 있다. *Agaricus bitorquis* (Quel.) Sacc.는 대량으로 인공재배하여 흔히 시장에서 볼 수 있고, 본 종의 백색종과 매우 비슷하다. 그러나 턱받이가 2중이고, 자실체가 보다 단단하며, 상처를 입어도 비교적 변색되지 않는다는 점에서 쉽게 구별된다.

백색인 대 표면

부식질이 많은 곳에서 무리지어 발생

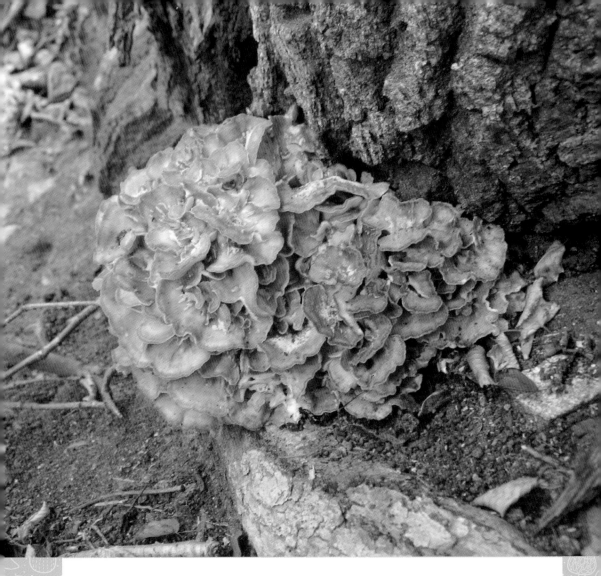

잎새버섯

Grifola frondosa (Dicks.) Gray

 분류 　담자균문 Basidiomycota **ǀ 주름버섯강** Agaricomycetes ǀ 구멍장이버섯목 Polyporales ǀ
왕잎새버섯과 Meripilaceae ǀ 잎새버섯속 Grifola

형태적 특징 잎새버섯의 자실체는 뭉툭한 대에서 무수하게 분지가 갈라지며 그 위에 작은 갓이 형성되어 하나의 커다랗고 둥그스름한 다발을 이룬다. 갓은 다소 작고 두꺼우며 부채형, 조개형, 꽃잎형, 반원형 또는 구두칼형이다. 표면은 초기에 흑색 또는 흑갈색을 띠나 후에 점차 퇴색되어 황토색 또는 옅은 회흑갈색으로 된다. 그 위에 방사상의 섬유질이 있고, 선명하지 않은 둥근 무늬가 있다. 조직은 부드럽고, 유연하며, 씹을 때 감촉이 좋은 육질형이고, 백색이다. 맛은 부드럽다. 자실층은 관공형이고, 대에 내린관공형이며, 백색이다. 관공구는 원형 또는 다소 불완전한 타원형이며, 백색이다. 대는 뭉툭하고, 굵으며, 바로 윗부분에서 수많은 분지로 갈라져 산호 모양을 이루며, 유백색 또는 담황색을 띠고, 조직은 단단하며, 충실하나 잘 부서진다. 포자문은 백색이며, 포자 모양은 난형 또는 광타원형이며, 표면은 평활하다. 포자벽은 얇고, 멜저용액에서 비아밀로이드이다.

발생 시기 및 장소 가을에 졸참나무, 물푸레나무의 뿌리 근처에 사물기생하며, 다발로 발생하는 백색의 목재부후균이다.

식용 가능 여부 식용, 약용버섯

분포 한국, 동아시아, 유럽, 북아메리카

↖ 뿌리 근처에 기생하는 자실체

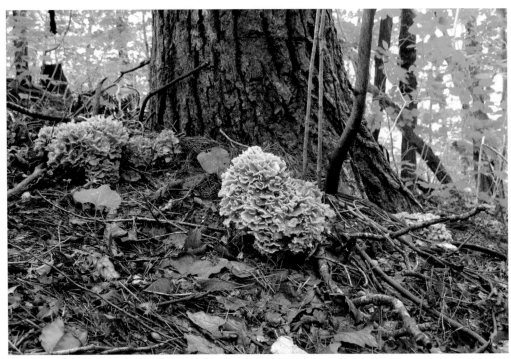

사물기생하는 흑갈색의 꽃잎형 자실체 ↗

다발을 이루며 자생하는 자실체 ↗

원형 또는 다소 불완전한 타원형의 관공구

수많은 분지로 갈라져 산호 모양을 이룬 자실체

자주방망이버섯아재비

Lepista sordida (Schumach.) Singer

 분류 담자균문 Basidiomycota | **주름버섯강** Agaricomycetes | 주름버섯목 Agaricales |
송이과 Tricholomataceae | 자주방망이버섯속 Lepista

형태적 특징 자주방망이버섯아재비의 갓은 지름이 3~10㎝ 정도로 처음에는 반반구형이고, 갓 끝이 안쪽으로 굽어 있으나 성장하면서 갓 끝이 펼쳐지면서 편평형 또는 가운데가 오목한 편평형이 된다. 갓 표면은 흡습성이고, 성장 초기에는 자색 또는 연한 자색을 띠나, 건조하면 변색이 되어 유백색으로 퇴색된다. 조직은 비교적 얇고, 잘 부서지며, 연한 자색을 띤다. 주름살은 완전붙은주름살형 또는 내린주름살형으로 성장하면서 다르게 나타나며, 성글고, 연한 자색을 띤다. 대의 길이는 3~7㎝ 정도이며, 위아래 굵기가 비슷하고, 표면은 섬유상이고, 자색을 띤다. 포자문은 연한 자색이며, 포자 모양은 타원형이다.

발생 시기 및 장소 여름부터 가을 사이에 유기물이 많은 밭, 길가, 풀밭 등에 홀로 또는 무리지어 발생한다.

식용 가능 여부 식용버섯이며, 재배가 가능하다.

분포 한국, 북반구 일대

참고 민자주방망이버섯과 비슷하나, 갓이 투명하고 주름살이 성글다는 점에서 차이가 난다.

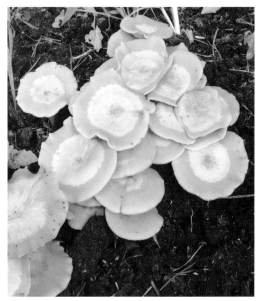
건변색 현상으로 건조하면 유백색이 된다.

자실층은 연한 자색을 띤다.

주름살은 성글다. ⤴

대에 완전붙은주름살 ⤴

ㄴ 건변색 현상의 갓

ㄴ 골프장 잔디밭에 균륜을 많이 형성하는 자실체

작은맛솔방울버섯

Strobilurus stephanocystis (Kühner & Romagn. ex Hora) Singer

 분류 담자균문 Basidiomycota **| 주름버섯강** Agaricomycetes **| 주름버섯목** Agaricales **|**
뽕나무버섯과 Physalacriaceae **| 맛솔방울버섯속** Strobilurus

형태적 특징　작은맛솔방울버섯의 갓은 크기가 1.5~2.5㎝로 초기에는 반구형 또는 반반구형이나 성장하면 편평하게 되며, 종종 중앙부위가 약간 함몰되거나 돌출되어 있다. 표면은 평활하나 부분적으로 방사상 주름이 있으며, 황토갈색 또는 적갈색이다. 갓 끝은 평활하고 습할 때 다소 선이 나타나며, 주름살보다 신장되어 갓 깃을 형성한다. 조직은 얇고 백색이며, 맛과 향기는 부드럽다. 주름살은 대에 끝붙은주름살 또는 약간 떨어진주름살로 16~22개이며, 약간 빽빽하거나 약간 성글고, 폭은 넓으며, 백색 또는 회백색이나, 주름살날은 평활하다. 대는 지상부의 크기가 3.5~6㎝로 원통형이고, 굽어 있거나 탄력성이 있으며, 표면은 짧은 털로 덮여있고, 상부는 백색이나 하부는 등황갈색이며, 종으로 섬유질이 있고, 대 기부는 길게 신장되어 4~8㎝로 지중에 매몰된 솔방울에 부착되어 있다. 포자문은 백색이며 포자 모양은 타원형이고, 평활하다. 포자벽은 얇고 무색이며, 멜저용액에서 비아밀로이드이다.

발생 시기 및 장소　늦여름에서 초겨울 사이에 숲 속의 땅, 지중에 매몰된 솔방울에서 발생한다. 국내에서는 드물게 발생하는 종이다.

식용 가능 여부　식용버섯

분포　한국, 일본, 중국, 유럽

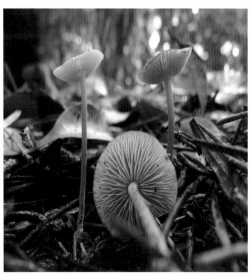

ㄴ 원통형의 대　　　　　　　　　ㄴ 약간 빽빽하거나 약간 성근 주름살

종으로 섬유질이 있는 대 표면 ⌐

참고 본 종은 고도가 높은 산에 발생하며, 주로 매몰된 솔방울 위에 발생하고, 낭시스티디아와 측시스티디아가 짧은 곤봉형이란 점에서 특징적이다. 그러나 동속 내에 다른 종들과 외관상으로 구별하기 쉽지 않다. *Strobilurus tenacellus* (Pers.: Fr.) Sing.도 역시 솔방울에 발생하며, 맛은 약간 쓰다.

탄력성이 있고 굽어있는 대 ⌐

지중에 매몰된 솔방울에서 발생한 자실체 ⌐

ㄴ 성장하면 편평하게 되는 갓

ㄴ 부분적으로 방사상 주름이 있는 갓 표면

ㄴ 대에 끝붙은주름살

적색신그물버섯

Aureoboletus thibetanus (Pat.) Hongo & Nagas.

 분류 담자균문 Basidiomycota | **주름버섯강** Agaricomycetes | 그물버섯목 Boletales |
그물버섯과 Boletaceae | 신그물버섯속 Aureoboletus

178

형태적 특징 적색신그물버섯의 갓은 크기가 2.5~7.5㎝로 모양은 초기에 반구형 또는 반반구형이나 성장 후에 반반구형 또는 편평형으로 된다. 표면은 습할 때 점성이 있고, 다소 주름이 있으며, 적갈색 또는 갈색이나 성장 후에 갈색, 갈등색 또는 회홍색으로 변한다. 조직은 부드러우며 다소 젤라틴질이고 초기에 약간 적색을 띠다가 후에 유백색을 띤다. 상처를 입어도 변색하지 않으며, 신맛이 있다. 관공은 대에 완전붙은관공형 또는 홈관공형이다. 초기에는 밝은 황색이나 성숙 후에는 다소 녹색을 띠고, 상처를 입어도 변색하지 않는다. 관공구는 유원형이고, 중형이며, 밝은 황색을 띠나 성장 후에는 다소 어두운 녹색을 띤다. 대는 크기가 4~10㎝로 원통형이나 상부 쪽은 가늘다. 표면은 평활하나 상부에 황색의 인편상 분질이 부착되어 있고, 일반적으로 회홍색 또는 갓보다 옅은색이고, 종종 짙은색 반점이 있다. 기부에는 백색 균사가 있다. 대의 속은 차 있다. 포자문은 올리브색이며, 포자 모양은 유방추형이고, KOH(수산화칼륨) 용액에서 옅은 올리브색이다.

발생 시기 및 장소 여름에서 가을까지 참나무림내 지상 또는 적송과 참나무 혼합림 내의 지상에 홀로 나거나 무리지어 발생하며, 균근형성균이다.

식용 가능 여부 식용버섯

분포 한국, 일본, 중국, 싱가폴, 말레이시아, 파푸아뉴기니아

╲ 대에 완전붙은관공형   ╲ 상부에 황색의 인편상 분질이 부착되어 있는 대 표면

접시그물버섯

Rugiboletus extremiorientalis (Lj.N. Vassiljeva) G. Wu & Zhu L.Yang

분류 담자균문 Basidiomycota | **주름버섯강** Agaricomycetes | 그물버섯목 Boletales |
그물버섯과 Boletaceae | 접시그물버섯속 Rugiboletus

관공은 황색을 띤다.

형태적 특징 접시그물버섯의 갓은 지름이 7~20㎝ 정도로 처음에는 반구형이나 성장하면서 편평형이 된다. 갓 표면은 황토색 또는 갈색이며, 융단형의 털이 있으며, 주름져 있고, 건조하거나 성숙하면 갈라져 연한 황색의 조직이 보이고, 습하면 약간 점성이 있다. 조직은 두껍고 치밀하며, 백색 또는 황색이다. 관공은 끝붙은관공형이며, 황색 또는 황록색이 되고, 관공구는 작은 원형이다. 대의 길이는 5~15㎝ 정도이며, 아래쪽 또는 가운데가 굵고, 황색 바탕에 황갈색의 미세한 반점이 있다. 포자문은 황록갈색이며, 포자 모양은 긴 방추형이다.

발생 시기 및 장소 여름부터 가을 사이에 혼합림 내 땅 위에 홀로 또는 흩어져 발생하며, 외생균근성 버섯이다.

식용 가능 여부 식용버섯

분포 한국, 일본, 북아메리카

참고 대형의 버섯으로, 갓 표면이 갈라져 있어서 쉽게 확인할 수 있다.

건조하거나 성숙하면 연황색의 조직이 보인다. ↗

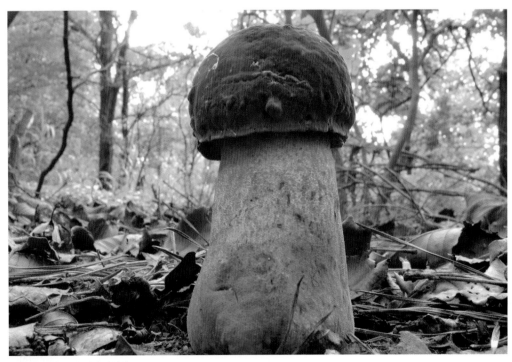

반구형의 갓을 가진 어린 자실체 ↗

182

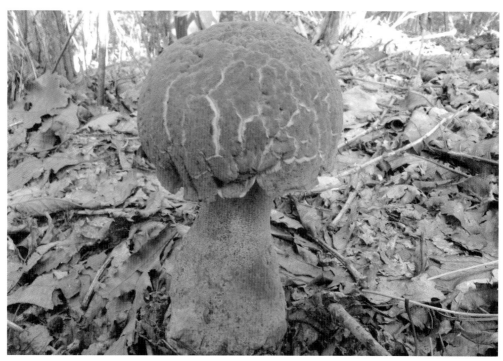

ㅈ

ㄴ 대의 표면은 황색의 반점이 보인다.

ㄴ 갓 깃을 형성하는 자실체

족제비눈물버섯

Psathyrella candolleana (Fr.) Maire

분류 담자균문 Basidiomycota **|** **주름버섯강** Agaricomycetes **|** 주름버섯목 Agaricales **|**
눈물버섯과 Psathyrellaceae **|** 눈물버섯속 Psathyrella

ㄴ 어린 시기의 주름살은 회색을 띤다.　　　　　　　　　ㄴ 갓은 쉽게 부서진다.

형태적 특징 족제비눈물버섯 갓의 지름은 2~8㎝ 정도이며, 초기에는 유구형이고 갓 끝은 안쪽으로 굽어 있으나 성장하면 편평하게 펴지며, 갓 끝에 내피막 잔유물이 부착되어 있으나 곧 소실된다. 표면은 담황색이고, 어릴 때는 백색의 미세한 섬유질 인피가 있으나 성장하면서 소실된다. 조직은 얇고 잘 부서지며, 갓과 같은 색을 띠고 맛과 향기는 부드럽다. 주름살은 대에 완전붙은주름살형이고, 빽빽하며, 초기에는 백색이나 성장하면서 점차 회색을 띠다가 자흑색이 된다. 대의 길이는 2~7㎝ 정도이며, 기부 쪽이 약간 굵다. 대의 속은 비어 있어 약간의 힘을 주면 딱 소리가 나면서 부러진다. 포자문은 흑색이고, 포자 모양은 타원형이다.

발생 시기 및 장소 봄부터 가을까지 숲, 정원, 공원, 활엽수 그루터기등에 홀로 또는 무리지어 발생한다.

식용 가능 여부 식용버섯

분포 한국, 전 세계

ㄴ 내피막 잔유물이 갓 끝에 붙어 있다.　　　　　　　　　ㄴ 주름살은 자흑색을 띤다.

유구형의 갓 ♪

기부 쪽이 약간 굵은 대 ♪

대에 완전붙은주름살 ♪

자흑색의 주름살 ♪

＼ 쉽게 부서지는 갓 ＼ 미세한 섬유상 인피

＼ 무리지어 발생한 자실체

졸각버섯

Laccaria laccata (Scop.) Cooke

 분류 담자균문 Basidiomycota | **주름버섯강** Agaricomycetes | 주름버섯목 Agaricales |
졸각버섯과 Hydnangiaceae | 졸각버섯속 Laccaria

형태적 특징 졸각버섯의 갓은 지름이 1~3㎝ 정도로 처음에는 반반구형이나 성장하면서 가운데 오목편평형이 된다. 갓 표면은 선홍색 또는 연한 붉은 갈색을 띠고, 가운데는 미세한 인편이 빽빽하게 분포되어 있으며 가장자리는 물결 모양이고, 주름이 있어서 부채 모양이 된다. 조직은 얇고, 갓과 같은 색이다. 주름살은 끝붙은주름살형이고, 성글며, 연한 적갈색을 띤다. 주름살 끝은 매끄럽다. 대의 길이는 2~5㎝ 정도이며, 섬유상이며, 질기고, 갓과 같은 색이다. 포자문은 백색이며, 포자 모양은 구형이다.

발생 시기 및 장소 여름부터 가을 사이에 숲 속, 길가 땅 위에 무리지어 발생하고 외생균근성 버섯이다.

식용 가능 여부 식용버섯

분포 한국, 북반구 온대 이북

참고 색깔이 선명하고 주황색이어서 자주졸각버섯과 구별된다.

ㅈ

풀밭에 무리지어 발생하는 자실체 ↗

오목편평형의 성장한 갓 ↗

주름살은 성글며 끝붙은주름살형이다. ↗

노숙한 자실체는 갓 끝이 올라간다. ↗

ㅈ

↳ 무리지어 발생하는 자실체

주름버섯

Agaricus campestris L.

 분류 담자균문 Basidiomycota **| 주름버섯강** Agaricomycetes **| 주름버섯목** Agaricales **|**
주름버섯과 Agaricaceae **| 주름버섯속** Agaricus

형태적 특징 주름버섯의 갓은 크기가 3.5~10.5㎝이며, 초기에는 구형 또는 반구형이고, 갓 끝은 백색의 얇은 막질 또는 섬유상 면모의 내피막으로 싸여 있으며, 점차 편평하게 퍼지거나 다소 중앙볼록편평형으로 된다. 표면은 백색이지만 후에 담황색을 띠고, 평활하거나 섬유상 인편이 있다. 건조 시에는 견사와 같은 광택이 나며, 조직은 두껍고 육질형이며 백색으로, 상처를 입으면 적변한다. 맛과 향기는 부드럽다. 주름살은 대에 떨어진주름살이며, 빽빽하다. 초기에는 백색 또는 옅은 분홍색이나 후에 홍색으로 변하고 완전히 성숙하면 차차 자갈색 또는 암자갈색을 띠게 된다. 주름살날은 분질상이다. 대의 크기는 3.5~8.6㎝이고, 위아래 굵기가 비슷하거나 상부쪽이 가늘고 기부가 좁아진다. 표면은 어릴 때 종으로 백색의 섬세한 섬유질이나 면상섬유질 인피가 있으며, 성장하면 옅은 갈색을 띤다. 대 표면이 신선할 때 문지르면 옅은 홍색을 띤다. 대의 상부에는 백색의 막질 또는 섬유상 면모의 턱받이가 있으나 턱받이 모양이 양호하지 못하며 쉽게 없어진다. 포자문은 자갈색이며, 포자 모양은 타원형 또는 난형이며, 표면은 평활하고 세포벽은 두껍다.

↖ 잔디밭 등의 부식질이 많은 곳에서 무리지어 발생

포자문 ♪

성장하면 편평하게 펴지는 갓 ♪

🍄**발생 시기 및 장소**　주로 여름부터 가을 사이에 잔디밭과 목장 골프장, 나지 등의 부식질이 많은 곳에 무리지어 발생한다.

🍄**식용 가능 여부**　식용버섯

🍄**분포**　한국, 동남아시아, 유럽, 북아메리카, 중국, 오스트레일리아, 아프리카

🍄**참고**　식용 및 약용 모두 가능하다. 소화 촉진, 피로 해소, 빈혈에 효과가 있다.

섬유상 인편이 있는 갓 ♪

ㅈ

✎ 자갈색의 성숙한 주름살

✎ 대에 떨어진주름살

주름볏싸리버섯

Clavulina rugosa (Bull.) J. Schröt.

 분류　담자균문 Basidiomycota | **주름버섯강** Agaricomycetes | 꾀꼬리버섯목 Cantharellales | 창싸리버섯과 Clavulinaceae | 볏싸리버섯속 Clavulina

표면은 다소 뒤틀리기도 한다.

형태적 특징 주름볏싸리버섯의 길이는 3~5㎝, 굵기는 0.2~0.3㎝ 정도이다. 볏싸리버섯과 유사해 보이나 본 종은 덩어리지지 않고, 곤봉상이며, 종종 버섯 끝 부분이 분지되기도 한다. 버섯 전체가 백색 또는 유백색이거나 다소 자색이 돌며, 건조하면 버섯의 끝 부분이 황색으로 된다. 버섯의 표면은 다소 뒤틀리기도 하고, 얕은 세로 주름이 있다. 포자문은 백색이며, 포자 모양은 타원형이다.

발생 시기 및 장소 여름부터 가을까지 활엽수림, 혼합수림 내 땅 위에 무리지어 발생한다.

식용 가능 여부 식용버섯

분포 한국, 전 세계

참낭피버섯

Cystoderma amianthinum (Scop.) Fayod

 분류　담자균문 Basidiomycota | **주름버섯강** Agaricomycetes | 주름버섯목 Agaricales |
주름버섯과 Agaricaceae | 낭피버섯속 Cystoderma

형태적 특징　참낭피버섯의 갓은 크기가 1.4~4.5㎝이며, 모양은 초기에 원추상반구형 또는 반구형이나, 성장하면 중앙볼록편평형으로 편평하게 펴지며, 종종 갓 끝은 위쪽으로 반전된다. 표면은 황등황색 또는 황토색을 띠며, 같은 색의 분질물로 덮혀 있고, 방사상으로 주름이 현저하다. 주변부에는 백색 또는 옅은 황색의 내피막 잔유물이 산재해 있다. 조직은 얇고, 오렌지황색이다. 맛과 향기는 부드럽다. 주름살은 끝붙은주름살 또는 완전붙은주름살이고, 빽빽하며, 백색 또는 담황색이다. 주름살날은 평활하다. 대의 크기는 2.5~5.6㎝이며, 위아래의 굵기가 같거나, 기부 쪽이 다소 굵다. 턱받이 상부는 백색 또는 담황색이고, 종으로 면모상 섬유질이 있다. 하부는 갓과 같은 담황토색의 입상분질물과 주름이 있다. 속은 비어 있다. 턱받이는 백색이며 면모상이고 대의 상부에 위치하며, 형태가 불완전하고 조기탈락성이다. 포자문은 옅은 황색 또는 백색이며, 포자 모양은 긴 타원형 또는 긴 난형이며, 평활하고, 아밀로이드이다.

발생 시기 및 장소　여름에서 가을 사이에 침엽수림 내 이끼 위에 홀로 나거나 소수 무리지어 발생한다.

식용 가능 여부　식용버섯

분포　한국, 동아시아, 유럽, 북아메리카, 오스트레일리아, 아프리카

＼ 옅은 황색의 내피막 잔유물이 산재한 갓 주변부

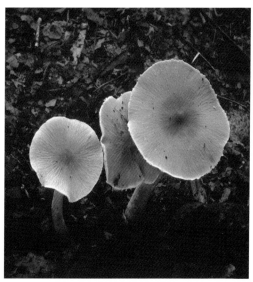
＼ 위쪽으로 반전된 갓 끝

참고 본 종은 외관상 *C. jasonis*는 면모상 턱받이가 있다는 점에서 유사하나 후자는 갓 표피상층에 분절포자(arthrospores)가 있다는 점에서 다르고, *C. fallax* Sm. & Sing. 는 확실한 막질의 턱받이가 있다는 점에서 구별되며, *C. granulosum* (Batsch.: Fr.)Fay은 갓의 색이 적갈색을 띠고, 포자는 멜저용액에서 비아밀로이드란 점에서 다르다. 또한 *C. terrei* (Berk. & Br.) Harm.은 갓 표면이 적갈색을 띠며, 날시스티디아는 끝이 창처럼 뾰죽하고 미세한 결정체가 있으며, 포자가 비아밀로이드란 점에서 구별된다.

대의 상부에 위치한 턱받이

↰ 대에 끝붙은주름살

↰ 반구형의 초기 자실체의 갓 모양

참부채버섯

Panellus serotinus (Schrad.) Kühner

🍄 **분류**　담자균문 Basidiomycota | **주름버섯강** Agaricomycetes | 주름버섯목 Agaricales |
애주름버섯과 Mycenaceae | 부채버섯속 Panellus

ㄴ 황갈색 조개 모양의 갓

🍄**형태적 특징**　참부채버섯의 갓은 지름이 5~10㎝ 정도이며, 처음에는 조개 모양 또는 부채형이며 반반구형이고, 가장자리는 안쪽으로 말려 있으나 성장하면서 차차 펴지고, 반원형으로 된다. 갓 표면은 점성이 있고 연한 갈색 또는 황갈색이며, 가는 털이 있고, 표피는 잘 벗겨진다. 조직은 백색이며 질기고 단단하다. 주름살은 내린주름살형이고, 빽빽하며 황백색이다. 대의 길이는 0.5~1㎝ 정도로 짧고 편심형이며, 표면에는 갈색의 짧은 털이 있다. 포자문은 백색이며, 포자 모양은 원통형이다.

🍄**발생 시기 및 장소**　여름부터 가을까지 활엽수의 고사목이나 그루터기에 무리지어 발생하며 부생생활을 한다.

🍄**식용 가능 여부**　식용버섯

🍄**분포**　한국, 북반구 온대 이북

🍄**참고**　독버섯인 달화경버섯과 형태가 유사하다. 그러나 달화경버섯은 잘랐을 때 조직에 검은 반점이 있으며 발생시기가 주로 여름이며, 본 종은 잘랐을 때 조직은 백색이며 발생시기가 늦가을이라는 점에서 차이가 난다.

활엽수 고사목에 다발로 발생 ⌐

주름살은 황백색이며 포자는 백색이다. ⌐

내린주름살을 가진 자실체

짧은 대에는 황갈색의 털이 있다.

찹쌀떡버섯

Bovista plumbea Pers.

 분류 담자균문 Basidiomycota | **주름버섯강** Agaricomycetes | 주름버섯목 Agaricales |
주름버섯과 Agaricaceae | 찹쌀떡버섯속 Bovista

형태적 특징 찹쌀떡버섯의 지름은 1~4cm로 구형이며, 표면은 백색이고, 백색의 소돌기가 부착되어 있다. 성숙하면 연약한 외피가 벗겨지고, 견고한 내피가 나타나며, 표면이 황토색으로 변하고, 상단 부위에 하나의 소공이 생긴다. 하부 쪽은 뿌리 형태의 균사가 토양과 연결되어 있으며, 어떤 것은 종으로 주름살이 있는 것도 있다. 포자 모양은 꼬리가 있는 난형이며, 연한 갈색이다.

발생 시기 및 장소 여름부터 가을까지 초원이나 공터 등에 무리지어 발생한다.

식용 가능 여부 어린 버섯은 식용 가능하다.

분포 한국, 유럽, 북아프리카

ㄴ 상단 부위에 생기는 소공

ㄴ 조직은 어릴 때 백색을 띤다.

ㄴ 노숙하면 연황색으로 변한다.

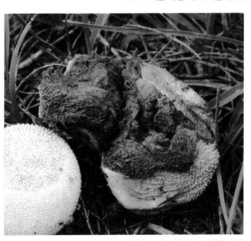

ㄴ 성숙한 포자는 올리브갈색을 띤다.

큰갓버섯

Macrolepiota procera (Scop.) Singer

분류   담자균문 Basidiomycota **| 주름버섯강** Agaricomycetes **|** 주름버섯목 Agaricales **|**
주름버섯과 Agaricaceae **|** 큰갓버섯속 Macrolepiota

형태적 특징 큰갓버섯의 갓은 지름이 5~30㎝ 정도이며, 처음에는 구형이나 성장하면서 편평해진다. 갓 표면은 건성이고 연한 회갈색 또는 회갈색이며 표피가 갈라지면서 생긴 적갈색의 거친 섬유상의 인편이 동심원상으로 덮여 있다. 조직은 두껍고 만지면 스펀지처럼 들어가는 느낌이 있으며, 백색이다. 주름살은 떨어진주름살형이며, 빽빽하고, 백색이나 성장하면서 연한 황색의 흔적이 나타난다. 대는 15~30㎝ 정도로 길며, 원통형이고, 속은 비어 있다. 표면은 갈색 또는 회갈색이며, 성장하면서 표피가 갈라져 뱀 껍질 모양을 이룬다. 대를 찢으면 세로로 길게 섬유질처럼 찢어지며, 기부는 구근상이다. 턱받이는 반지형으로 위아래로 움직일 수 있다. 포자문은 백색이며, 포자 모양은 타원형이다.

발생 시기 및 장소 여름부터 가을까지 풀밭, 목장, 숲 속에 나며, 초식동물의 배설물이나 유기질이 많은 땅 위에 홀로 또는 흩어져 발생한다.

식용 가능 여부 식용버섯

분포 한국, 전 세계

참고 대의 상단부에 반지 모양의 턱받이가 있으며, 위아래로 움직일 수 있다. 제주도에서는 마분이나 우분 위에서 발생하기도 하여 '말똥버섯'이라 한다.

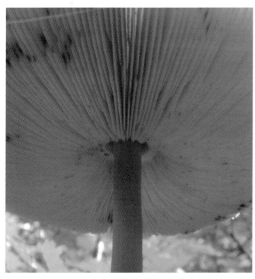

└ 백색의 주름살이며 포자도 백색이다.

└ 반지형으로 상하로 움직이는 턱받이

큰낙엽버섯

Marasmius maximus Hongo

분류 담자균문 Basidiomycota | 주름버섯강 Agaricomycetes | 주름버섯목 Agaricales | 낙엽버섯과 Marasmiaceae | 낙엽버섯속 Marasmius

형태적 특징 큰낙엽버섯 갓의 지름은 3~10㎝ 정도이고, 종 모양 또는 둥근 산 모양에서 가운데가 볼록한 편평한 모양으로 된다. 표면에는 방사상의 줄무늬 홈선이 있고, 가운데 부분은 갈색이며, 마르면 백색으로 된다. 주름살은 올린주름살형 또는 끝붙은주름살형이고, 갓보다 연한 색이며, 성기다. 대의 길이는 5~10㎝, 굵기는 0.2㎝ 내외이고, 위아래의 굵기가 같다. 대 표면은 섬유상이고, 위쪽에는 가루 같은 것이 부착되어 있다. 포자 모양은 타원형 또는 아몬드형이다.

발생 시기 및 장소 봄부터 가을에 숲 속 등 낙엽이 있는 곳에 무리지어 발생하며, 낙엽부후성 버섯이다.

식용 가능 여부 식용버섯

분포 한국, 일본

참고 북한명은 큰가랑잎버섯이다.

↳ 방사상의 줄무늬 홈선이 있는 자실체

↳ 끝붙은주름살을 가지고 있으며 백색이다.

↳ 대는 섬유상이고 반점이 부착되어 있다.

큰눈물버섯

Lacrymaria lacrymabunda (Bull.) Pat.

분류 담자균문 Basidiomycota | **주름버섯강** Agaricomycetes | 주름버섯목 Agaricales |
눈물버섯과 Psathyrellaceae | 큰눈물버섯속 Lacrymaria

형태적 특징 큰눈물버섯 갓의 지름은 2~10㎝ 정도이며, 초기에는 반구형이고, 섬유상 막질의 내피막으로 싸여 있다. 성장하면 편평하게 펴지며, 내피막 잔유물이 갓 끝에 있으나 곧 소실된다. 갓 표면은 황토색 또는 갈색이며, 섬유상의 인편이 빽빽이 퍼져 있다. 조직은 중앙 부분이 다소 두껍고, 갓 가장자리는 얇다. 주름살은 완전붙은주름살형이며, 다소 빽빽하고, 초기에는 연한 황색을 띠나 성장하면서 회갈색에서 흑색을 띤다. 대의 길이는 3~10㎝ 정도이며, 토양 표면과 붙어 있는 부분이 조금 굵으며 속은 비어 있다. 대의 위쪽에 거미줄형의 턱받이 흔적이 있으며 검은색의 포자가 낙하하면 갈흑색을 띤다. 포자문은 흑갈색 또는 흑색이고, 포자 모양은 타원형이다.

발생 시기 및 장소 여름부터 가을까지 혼합림 내 땅 위, 풀밭, 도로변에 무리지어 발생하거나 홀로 발생하기도 한다.

식용 가능 여부 식용버섯

분포 한국, 북반구

참고 눈물버섯에 속한 버섯류 중에서 포자의 표면에 돌기가 있는 유일한 종으로서 분류학자들로부터 많은 의견이 있으나 Singer의 제안을 많이 따르고 있다.

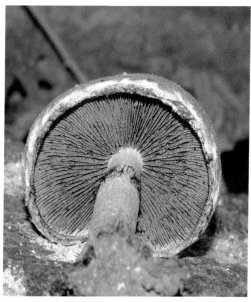

갓 끝에 내피막 흔적이 남아 있다.   주름살은 연한 황색을 띠고 포자가 성숙하면 검은색이 된다.

편평하게 펴진 성장한 갓 ↗

황토색의 갓 표면 ↗

턱받이는 거미줄상 흔적만 남기고 그 위에 검은색의 포사가 ↗
붙어 있다.

대에 완전붙은주름살 ↗

214

↖ 섬세한 유단상모가 있는 갓

↖ 섬유상 인편으로 빽빽하게 밀포된 갓

털목이

Auricularia nigricans (Sw.) Birkebak, Looney & Sánchez-García

 분류   담자균문 Basidiomycota **| 주름버섯강** Agaricomycetes **|** 목이목 Auriculariales **|**
목이과 Auriculariaceae **|** 목이속 Auricularia

형태적 특징 털목이의 크기는 2~8㎝ 정도이고, 주발 모양 또는 귀 모양 등 다양하며, 젤라틴질이다. 갓 윗면(비자실층)은 가운데 또는 일부가 기주에 부착되어 있고, 약간 주름져 있거나 파상형이다. 표면은 회갈색의 거친 털로 덮여 있으며, 갈색 또는 회갈색을 띠며, 노후되면 거의 흑색으로 된다. 아랫면(자실층)은 매끄럽거나 불규칙한 간맥이 있고, 갈색 또는 흑갈색을 띤다. 조직은 습할 때 젤라틴질이며, 유연하고, 탄력성이 있으나, 건조하면 수축하여 굳어지며, 각질화된다. 건조된 상태로 물속에 담그면 원상태로 되살아난다. 포자문은 백색이고, 포자 모양은 콩팥형이다.

발생 시기 및 장소 봄부터 가을 사이에 활엽수의 고목, 그루터기, 죽은 가지에 무리지어 발생한다.

식용 가능 여부 식용버섯

분포 한국, 전 세계

참고 목이와는 표면에 있는 털의 유무로 구분된다.

E

ㄴ 주발 모양, 귀 모양의 젤라틴의 자실체

팽나무버섯

Flammulina velutipes (Curtis) Singer

 분류 담자균문 Basidiomycota | **주름버섯강** Agaricomycetes | 주름버섯목 Agaricales |
뽕나무버섯과 Physalacriaceae | 팽나무버섯속 Flammulina

🎨 **형태적 특징** 팽나무버섯의 갓은 크기가 1.5~6.5㎝로 초기에는 모양이 반구형 또는 종상 반구형이나 후에는 반반구형 또는 편평하며, 점성이 현저하고, 황갈색 또는 등황갈색이나 끝 부위는 옅은색을 띤다. 갓 표피는 잘 벗겨진다. 조직은 두껍고, 백색 또는 담황색이며, 부드러운 육질형이다. 맛은 부드럽고, 짙은 버섯 향기가 난다. 주름살은 대에 완전붙은주름살 또는 홈주름살이고, 다소 빽빽하며, 초기에는 백색을 띠지만 성장하면서 점차 옅은 황색 또는 옅은 등황색을 띤다. 주름살 사이에 간맥이 있고 주름살날은 평활하다. 대의 크기는 2~7.8㎝로 원통형이며, 위아래의 굵기가 비슷하거나 기부 쪽이 굵고, 드물게는 상부가 넓으며, 종종 편압되어 있다. 표면은 융단상의 모가 있고, 기부 쪽은 섬유상 모가 있으며, 흑갈색 또는 갈흑색을 띠고, 상부쪽은 황색을 띤다. 속은 차 있으나 성장하면 점차 빈다. 포자문은 백색이며, 포자 모양은 원통상 타원형이고 표면은 평활하며, 무색이고, 멜저용액에서 비아밀로이드이다.

ㄴ 종상 반구형인 초기 갓 모양

ㄴ 짙은 버섯 향기가 나는 자실체

ㄴ 겨울 버섯으로 눈 속에서 발생한다.

발생 시기 및 장소 늦가을과 이른 봄에 뽕나무, 감나무, 아까시나무, 포플러 등 활엽수림에서 뭉쳐서 나거나 소수 무리지어 발생한다.

식용 가능 여부 식용버섯

분포 한국, 동아시아, 중국, 유럽, 아프리카, 북아메리카, 오스트레일리아

인공재배하는 백색종 ↗

갈색종의 팽나무버섯 ↗

옅은색을 띠는 갓 끝 ↗

성장한 자실체 ↗

ㄴ 주름살 사이에 간맥이 있는 자실체

ㄴ 소수 무리지어 발생한 자실체

ㄴ 융단상의 모가 있는 대의 표면

ㄴ 뭉쳐서 발생한 자실체

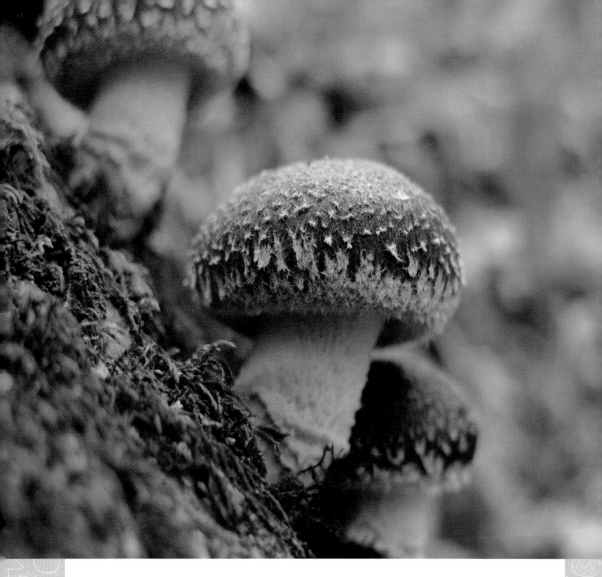

표고

Lentinula edodes (Berk.) Pegler

 분류　담자균문 Basidiomycota | **주름버섯강** Agaricomycetes | 주름버섯목 Agaricales |

화경버섯과 Omphalotaceae | 표고속 Lentinula

형태적 특징 표고의 갓은 지름이 4~10㎝ 정도로 처음에는 반구형이나 성장하면서 편평해지고 가장자리는 안쪽으로 말린다. 갓 표면은 다갈색 또는 흑갈색이며 습기가 있고 갈라진다. 갓 가장자리에는 내피막 잔유물이 붙어 있거나 소실된다. 갓 표면에는 백색 또는 연한 갈색의 솜털 인편이 붙어 있다. 조직은 백색이며, 강한 향기가 있다. 주름살은 끝붙은주름살형이며, 대의 위아래 굵기가 비슷하고, 백색이다. 조직은 질기고 단단하다. 대의 위쪽에 턱받이가 있으나 갓이 성장하면 쉽게 소실되며, 대 표면의 턱받이 위쪽은 평활하고 백색이며, 아래쪽은 인피가 있고, 백색 또는 연한 갈색이다. 포자문은 백색이며, 포자 모양은 타원형이다.

발생 시기 및 장소 봄부터 가을까지 참나무, 졸참나무 등 활엽수의 죽은 나무에 홀로 또는 무리지어 발생하며 나무를 분해하는 부후성 버섯이다.

식용 가능 여부 식용, 약용버섯

분포 한국, 일본, 중국, 동남아시아, 뉴질랜드

참고 북한명은 참나무버섯이다. 현재 농가에서 재배하고 있으며 원목재배나 블록재배를 많이 하고 있다.

ㄴ 갓 표면에 갈색의 솜털 인편이 밀포

대에는 갈색 인피가 있다. ↗

내피막은 쉽게 탈락한다. ↗

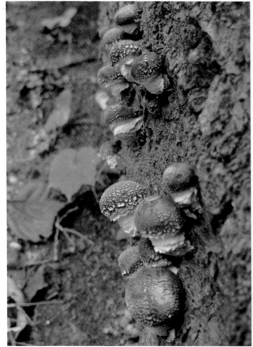

질기고 단단한 조직을 가진 자실체 ↗

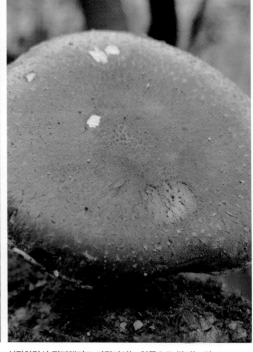

성장하면서 편평해지고 가장자리는 안쪽으로 말리는 갓 ↗

224

ㄴ 어린 버섯은 갓 가장자리에 솜털 인편이 많다.

ㄴ 주름살은 황백색이며 가장자리는 톱니형이다.

풀버섯

Volvariella volvacea (Bull.) Singer, in Wasser

분류 담자균문 Basidiomycota | **주름버섯강** Agaricomycetes | 주름버섯목 Agaricales | 난버섯과 Pluteaceae | 비단털버섯속 Volvariella

형태적 특징 풀버섯의 자실체는 성장 초기에는 작고 검은 달걀 모양이나, 점차 윗부분이 파열되며 갓과 대가 나타난다. 갓은 크기가 3.5~15㎝로, 어릴 때는 난형 또는 종형이나 성숙하면 반반구형으로 된다. 표면은 회갈색 또는 흑갈색의 바탕에 흑색의 섬유상 털이 밀포되어 있다. 조직은 유연하고, 백색 또는 회백색이며 빠르게 액화 현상이 일어난다. 맛과 향기는 부드럽다. 주름살은 폭이 넓고 편복형이며, 떨어진주름살로 빽빽하며, 백색이었다가 후에 육색을 띤다. 주름살날은 다소 분질상이다. 대는 크기가 4.4~14㎝로 원통형이며, 상부 쪽이 가늘고 기부 쪽이 굵다. 표면은 백색 또는 담갈색을 띠며 평활하고, 기부는 구근상이며, 흑갈색의 두꺼운 막질로 된 대주머니로 둘러싸여 있고 대주머니는 꽃잎형이다. 초기에는 속이 차 있으나 성장하면 속이 빈다. 포자문은 육색이며, 포자 모양은 장타원형 또는 타원형이고, 평활하며, 비아밀로이드이다.

발생 시기 및 장소 주로 여름철의 고온다습한 시기에 퇴비 더미 또는 톱밥 주변에 다수 무리지어 발생한다.

식용 가능 여부 식용버섯

분포 한국, 동아시아, 유럽, 북아메리카

참고 본 종은 갓과 대주머니의 색이 흑갈색이고, 비단털버섯 중에서 가장 대형이란 점에서 쉽게 구별된다.

ㄴ 성장 초기의 자실체

ㄴ 어린 알을 반으로 자르면 버섯이 보인다.

황그물버섯 (구명: 꾀꼬리그물버섯)

Crocinoboletus laetissimus (Hongo) N.K. Zeng, Zhu L. Yang & G. Wu

🍄 분류　담자균문 Basidiomycota | **주름버섯강** Agaricomycetes | 그물버섯목 Boletales |
그물버섯과 Boletaceae | 황그물버섯속 Crocinoboletus

형태적 특징 황그물버섯은 자실체 전체가 등황색이며, 갓은 4~14㎝로 초기에는 반구형이나 성장하면 점차 반반구형이 되거나 편평하게 펴진다. 표면은 평활하거나 다소 면모상이며 습할 때 약간 점성이 있고, 선명한 등색 또는 등황색을 띠며 상처를 입으면 청변한다. 조직은 두껍고 등색을 띠며, 상처를 입으면 청변한다. 다소 독특한 냄새가 나며, 맛은 부드럽다. 관공은 대에 끝붙은관공형 또는 홈관공형이고, 관공의 길이는 0.3~0.7㎝로 등색이다. 관공구는 원형이며, 2~3개/㎜로 작고, 선명한 등황색이며, 상처를 입으면 청변한다. 대의 크기는 4.5~10㎝로 원통형이며, 상하 굵기가 비슷하고, 기부 쪽이 다소 굵으며, 종종 굽어 있다. 포자문은 황갈색이며, 포자는 크기가 9.2~11.2×4.1~5㎛로 모양은 유방추형이며 비아밀로이드이고, KOH(수산화칼륨) 용액에서 갈황색을 띤다.

발생 시기 및 장소 여름에서 가을 사이에 활엽수림 내의 지상에 흩어져 또는 소수 무리지어 발생한다.

식용 가능 여부 식용버섯

분포 한국, 일본

참고 본 종은 자실체 전체가 아름다운 등색 또는 등황색을 띠고, 상처를 입으면 청변하며, 대 표면이 평활하다는 점에서 다른 그물버섯류와 쉽게 구별할 수 있다.

인피가 있는 대 표면 ↗

주황색인 관공 ↗

╰ 대 표면의 인피

╰ 기부 쪽이 다소 굵은 대

황소비단그물버섯

Suillus bovinus (Pers.) Roussel

 분류 담자균문 Basidiomycota | **주름버섯강** Agaricomycetes | 그물버섯목 Boletales | 비단그물버섯과 Suillaceae | 비단그물버섯속 Suillus

형태적 특징 황소비단그물버섯의 갓은 지름이 3~11㎝ 정도로 처음에는 반반구형이며, 갓 끝은 안쪽으로 굽어 있으나 성장하면서 편평하게 펴지며, 성숙한 후에는 갓 끝이 위를 향해 반전되기도 한다. 표면은 황갈색 또는 황토색을 띠며, 습할 때는 점성이 있다. 조직은 두껍고 부드러우며 백색 또는 황백색을 띠고, 상처를 입어도 변색되지 않으나, 건조하면 보라색을 띤다. 관공은 완전붙은관공형 또는 내린관공형이고, 황색을 띤다. 관공구는 크며 다각형이다. 대의 길이는 3~7㎝ 정도이며, 위아래 굵기가 비슷하거나 위쪽이 다소 가늘다. 대의 표면은 매끄럽고 황갈색이며, 턱받이는 없다. 포자문은 황갈색이며, 포자 모양은 방추형이다.

발생 시기 및 장소 여름부터 가을에 소나무 숲 내 땅 위에 홀로 나거나 무리지어 흩어져 발생한다.

식용 가능 여부 식용버섯

분포 한국, 아시아, 유럽, 북아메리카, 아프리카

참고 갓 표면이 황갈색 또는 황토색이며 습할 때 점성이 있다. 송이처럼 소나무 뿌리와 균근을 형성한다. 큰마개버섯(*Gomphidius roseus*)과 함께 발생한다.

└ 습할 때 점성이 있는 자실체   └ 방사상으로 펼쳐진 관공

소나무 숲에서 발생한 자실체 ↗

내린관공형의 자실체 ↗

완전붙은관공 ↗

편평하게 펴진 갓 ↗

ㄴ 관공구는 다각형이다.

ㄴ 황색을 띠는 관공구

ㄴ 무리지어 발생한 자실체

흰둘레그물버섯

Gyroporus castaneus (Bull.) Quél.

 분류 담자균문 Basidiomycota | **주름버섯강** Agaricomycetes | 그물버섯목 Boletales | 둘레그물버섯과 Gyroporaceae | 둘레그물버섯속 Gyroporus

주발 모양, 귀 모양의 젤라틴의 자실체

형태적 특징 흰둘레그물버섯 갓의 지름은 3~10㎝ 정도이고, 초기에는 반구형이나 성장하면 편평한 모양으로 되고, 가운데는 오목하게 된다. 표면은 비로드 모양으로 밋밋하고, 밤색 또는 계피색이다. 가장자리는 주름의 줄무늬가 있다. 조직은 백색이며 단단하다. 관공은 길이가 0.4~0.8㎝ 정도로 초기에는 홈관공형이나, 성장하면 대부분 떨어진관공형으로 된다. 관공구는 초기에 미세하고 백색이지만, 성숙하면 원형 또는 유원형으로 되며, 담황색을 띠고, 상처를 입어도 변색되지 않는다. 대의 길이는 5~7㎝ 정도이며, 갓과 같은 색이고, 위아래의 굵기가 비슷하고, 약간 울퉁불퉁하다. 맛은 부드럽거나 신맛이 나며, 향기는 불분명하다. 포자문은 노란색이며, 포자 모양은 타원형이다.

발생 시기 및 장소 여름부터 가을 사이에 활엽수림의 지상에 홀로 발생하며, 외생균근성 버섯이다.

식용 가능 여부 식용버섯

분포 한국, 동아시아, 유럽, 북아메리카, 오스트레일리아

다른 그물버섯에 비해 작은 자실체 ↗

담황색의 자실층 ↗

ㄴ 가운데가 오목한 갓

ㄴ 관공은 포자가 성장하면 연한 황색으로 변한다.

약용버섯

간버섯 _{(구:} 주걱간버섯)

Pycnoporus cinnabarinus (Jacq.) Fr.

분류 담자균문 Basidiomycota | **주름버섯강** Agaricomycetes | 구멍장이버섯목 Polyporales |
구멍장이버섯과 Polyporaceae | 간버섯속 Pycnoporus

ㄴ 주황색 부채형의 자실체

형태적 특징 간버섯 갓의 지름은 5~10㎝ 정도이고, 반원형 또는 부채형이며, 표면은 편평하고, 주홍색을 띤다. 갓 끝은 얇고 예리하며, 조직은 코르크질 또는 가죽처럼 질기다. 관공은 0.5~0.8㎝ 정도이며 선홍색이고, 관공구는 원형 또는 다각형이고, 0.1㎝ 사이에 2~4개가 있다. 대는 없고 기주에 부착되어 있다. 포자문은 백색이고, 포자 모양은 원통형이다.

발생 시기 및 장소 봄부터 가을까지 활엽수, 침엽수의 고목, 그루터기, 마른 가지 위에 홀로 또는 무리지어 발생하며, 부생생활을 하여 목재를 썩힌다.

식용 가능 여부 약용버섯

분포 한국, 전 세계

참고 항종양성이 있어 기관지염, 풍습성 관절염이 있을 때 물에 달여 먹을 수 있는 약용버섯이다.

관공은 선홍색이며 관공구는 간송편버섯보다 크다. ♪

대가 없고 기주에 바로 부착한다. ♪

↖ 반원형 또는 부채형인 갓

↖ 관공구는 크고 0.1㎝에 2~4개씩이다.

간송편버섯

Trametes coccinea (Fr.) Hai J. Li & S.H. He

 분류   담자균문 Basidiomycota | **주름버섯강** Agaricomycetes | 구멍장이버섯목 Polyporales |
구멍장이버섯과 Polyporaceae | 송편버섯속 Trametes

↖ 반원형의 부채 모양

↖ 선홍색의 포자 형성층

🍄**형태적 특징**　간송편버섯의 갓은 지름이 2~15㎝, 두께는 0.2~0.5㎝ 정도이고, 반원형의 부채 모양으로 편평하다. 갓 표면은 매끄럽고, 희미한 환문이 있으며, 선홍색 또는 주홍색을 띤다. 조직은 코르크질 또는 가죽처럼 질기다. 관공은 0.1~0.2㎝ 정도이며, 붉은색이고, 관공구는 원형이며, 0.1㎝ 사이에 6~8개가 있다. 대는 없고 기주에 부착되어 있다. 포자문은 백색이고, 포자 모양은 긴 타원형이다.

🍄**발생 시기 및 장소**　1년 내내 침엽수와 활엽수의 죽은 줄기나 가지에 무리지어 발생하며, 부생생활을 하여 목재를 썩힌다.

🍄**식용 가능 여부**　약용버섯

🍄**분포**　한국, 전 세계

🍄**참고**　항균성분이 있어 화상 염증에 유용하며, 항종양성이 있는 약용버섯으로 이용된다.

↖ 건조하면 갈홍색을 띤다.

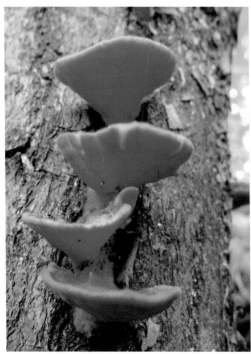

겹쳐서 발생하는 자실체 ↗

갓 윗면의 희미한 환문 ↗

가죽처럼 질긴 조직 ↗

원형의 관공구 ↗

248

대는 없고 기주에 부착해서 발생

코르크질의 질긴 조직

구름송편버섯(구름버섯)

Trametes versicolor (L.) Lloyd

 분류 담자균문 Basidiomycota | **주름버섯강** Agaricomycetes | 구멍장이버섯목 Polyporales |
구멍장이버섯과 Polyporaceae | 송편버섯속 Trametes

형태적 특징 구름송편버섯의 갓은 지름이 1~5㎝, 두께는 0.1~0.3㎝ 정도이며, 반원형으로 얇고, 단단한 가죽처럼 질기다. 표면은 흑색 또는 회색, 황갈색 등의 고리 무늬가 있고, 짧은 털로 덮여 있다. 조직은 백색이며 질기다. 관공은 0.1㎝ 정도이며, 백색 또는 회백색이고, 관공구는 원형이고, 0.1㎝ 사이에 3~5개가 있다. 대는 없고 기주에 부착되어 있다. 포자문은 백색이고, 포자 모양은 원통형이다.

ㄴ 단단한 가죽처럼 질긴 자실체

발생 시기 및 장소 1년 내내 침엽수, 활엽수의 고목 또는 그루터기에 기왓장처럼 겹쳐서 무리지어 발생하며, 부생생활을 한다.

식용 가능 여부 식용, 약용버섯

분포 한국, 전 세계

ㄴ 노숙하면 회남색을 띤다.

참고 버섯 중에서 처음 항암물질인 폴리사카라이드가 발견된 버섯이며, 간염, 기관지염 등에 효능이 있다. 중국에서는 '운지버섯'이라고 부른다.

ㄴ 가죽질의 노숙한 자실체

겹쳐서 발생한 구름 모양의 자실체 　　　　　흑색의 갓 표면

어린 버섯의 표면에는 털이 있다.

ㄱ

ㄴ 대는 없고 기주에 부착

ㄴ 그루터기에 겹쳐서 무리지어 발생하는 자실체

꽃송이버섯

Sparassis crispa (Wulfen) Fr.

 분류 담자균문 Basidiomycota **I 주름버섯강** Agaricomycetes **I 구멍장이버섯목** Polyporales I
꽃송이버섯과 Sparassidaceae I 꽃송이속 Sparassis

형태적 특징 꽃송이버섯은 자실체가 성숙하면 전체는 9.5~22.5㎝로 크고, 다소 둥글며, 작은 꽃잎 모양의 갓이 모여 꽃양배추 또는 해초 모양을 이룬다. 대는 2.5~5.5㎝로 짧고 뭉툭하며 단단하고, 위쪽으로 반복하여 갈라져 짧은 분지를 수없이 형성한다. 분지는 편평하게 되며, 얇고 파상형의 꽃잎형 또는 갓이 된다. 갓의 윗면은 평활하고, 백색 또는 담황색이나 성장 후에는 황토색을 띤다. 자실층은 각각의 작은 갓의 하면 또는 바깥쪽에 있고, 평활하며, 초기에는 담황색이나 성장하면 황토색이 되고 노숙하면 갈색이 된다. 조직은 얇고, 탄력성이 있으며 유연하고, 육질형이고, 백색이다. 맛은 부드럽고, 냄새는 특별하지 않다. 포자문은 백색이며, 포자 모양은 난형 또는 타원형이며, 표면은 평활하고, 멜저용액에서 비아밀로이드이다.

발생 시기 및 장소 여름부터 가을 사이에 침엽수(전나무)의 그루터기 또는 주변에 다발로 발생한다.

식용 가능 여부 약용버섯

분포 한국, 중국, 유럽, 북아메리카

참고 식용 및 약용으로 이용하며 항종양, 면역 증강, 항진균, 혈당저하 작용이 있다.

╰ 갈색으로 변색된 갓 끝

╰ 다발로 발생하는 자실체

╰ 물결 모양의 자실체

나방꽃동충하초

Isaria japonica Yasuda

 분류 자낭균문 Ascomycota | **동충하초강** Sordariomycetes | 동충하초목 Hypocreales | 동충하초과 Cordycipitaceae | 나방꽃동충하초속 Isaria

저지대에 흔하게 발생

형태적 특징 나방꽃동충하초의 충체는 주로 나방류의 유충 또는 번데기, 드물게는 성충에 침입하여 2~10여 개체가 다발로 발생하며, 불완전세대형(분생자)인 속으로서 대표적인 종이다. 자실체는 높이가 1.5~4㎝로 수지상이며, 대는 직경이 0.1~0.3㎝로 약간 편압된 불규칙한 원통형이며, 옅은 황색이다. 분생자병은 상부에 형성한다. 분생포자는 크기가 3.2~4.8×1.5~2㎛로 중앙 부위가 약간 잘록한 긴 원통형이며, 백색이고 분질상이다. 분생포자는 바람이 불면 바람에 의해 연기처럼 날리며, 멀리 비산한다.

발생 시기 및 장소 5~10월에 일반적으로 저지대에 발생한다. 국내에서는 가장 흔한 동충하초로서 발생빈도가 높다.

식용 가능 여부 약용버섯

분포 한국, 일본, 대만, 중국, 보르네오

참고 본 종은 주로 나방류의 유충 또는 번데기에 다발로 발생하며 무성세대인 분생자만 형성한다. 자실체는 수지상이며 옅은 황색을 띠고, 분생포자는 중앙 부위가 잘록한 긴 원통형이며, 분질상이란 점이 특징적이다.

백색의 분생포자 ♪

다발로 발생하는 백색의 자실체 ♪

ᶫ 긴 대를 가진 자실체

ᶫ 주로 나방류의 유충 또는 번데기에 침입하여 발생

노린재포식동충하초
(_{구명}: 노린재동충하초버섯)

Ophiocordyceps nutans (Pat.) G. H. Sung, J. M. Sung, Hywel-Jones & Spatafora

 분류   자낭균문 Ascomycota | **동충하초강** Sordariomycetes | 동충하초목 Hypocreales |
잠자리동충하초과 Ophiocordycipitaceae | 포식동충하초속 Ophiocordyceps

형태적 특징 노린재포식동충하초의
자실체는 노린재의 성충의 머리, 흉부
에 일반적으로 발생하며, 대부분 1개가
발생하나 드물게는 2개 이상 발생한다.
자실체는 두부와 대로 나누어지며, 자
실층인 두부의 길이는 3~6㎝ 정도로
긴 타원형이며, 등황색을 띤다. 대는
3~10㎝ 정도이고, 가늘고 길며, 불규
칙하게 굽어 있다. 위쪽은 등황색을 띠
나 기부 쪽은 검은색이고, 약간 광택이
난다. 조직은 단단하고 질기며, 가죽질
이다. 포자 모양은 원주형이다.

발생 시기 및 장소 여름에서 가을 사이
에 나며 죽은 노린재의 머리, 흉부에 기
생생활한다.

식용 가능 여부 약용버섯

분포 한국, 일본, 대만, 중국

참고 피자기는 사면으로 완전매몰형
이다.

검은색의 광택이 나는 대

자실층인 머리 부분은 어릴 때 붉은색을 띤다.

노린재에 발생한 자실체

단색털구름버섯

Cerrena unicolor (Bull.) Murrill

 분류 담자균문 Basidiomycota | **주름버섯강** Agaricomycetes | 구멍장이버섯목 Polyporales | 구멍장이버섯과 Polyporaceae | 털구름버섯속 Cerrena

형태적 특징 단색털구름버섯의 갓은 지름이 1~5㎝, 두께는 0.1~0.5㎝ 정도이며, 반원형으로 얇고 단단한 가죽처럼 질기다. 표면은 회백색 또는 회갈색으로 녹조류가 착생하여 녹색을 띠며, 고리 무늬가 있고, 짧은 털로 덮여 있다. 조직은 백색이며, 질긴 가죽질이다. 대는 없고 기주에 부착되어 생활한다. 관공은 0.1㎝ 정도이며, 초기에는 백색이나 차차 회색 또는 회갈색이 되고, 관공구는 미로로 된 치아상이다. 포자문은 백색이고, 포자 모양은 타원형이다.

발생 시기 및 장소 1년 내내 침엽수, 활엽수의 고목 또는 그루터기에 기왓장처럼 겹쳐서 무리지어 발생하며, 부생생활을 한다.

식용 가능 여부 약용버섯

분포 한국, 일본, 중국 등 북반구 일대

참고 항종양제의 효능이 있다.

ㄴ 미로상의 자실층을 가진다.

ㄴ 단단한 가죽질의 자실체

동충하초

Cordyceps militaris (Vuill.) Fr.

분류 자낭균문 Ascomycota **| 동충하초강** Sordariomycetes **|** 동충하초목 Hypocreales **|**
동충하초과 Cordycipitaceae **|** 동충하초속 Cordyceps

형태적 특징 동충하초는 나방류 번데기 속에 기생하여 내생균핵을 형성하고, 성장하면 번데기 밖으로 자라서 곤봉형 또는 여러 가지 모양의 자좌(stroma)를 형성하는 버섯이다. 자좌의 길이는 3~10㎝ 정도로 원통형 또는 긴 곤봉형이다. 대는 1개 또는 여러 개의 분지가 있으며, 크기는 1~6㎝ 정도이고, 원통형이며 등황색을 띠고, 기부로 갈수록 옅어진다. 자실층은 자실체 상부에 있으며, 하부의 대와 경계가 불분명하다. 포자 모양은 원주상 방추형이다.

발생 시기 및 장소 봄에서 가을까지 죽은 나방류 등의 번데기 머리 또는 복부에 기생 생활을 한다.

식용 가능 여부 식용, 약용버섯으로 이용한다. 재배도 하고 있다.

분포 한국, 전 세계

참고 곤충의 애벌레 상태에서 숙주에 침입한 후 균사가 성장하면서 곤충을 죽이고 버섯(자실체)을 낸다. 따라서 겨울에는 벌레이던 것이 여름에는 버섯으로 변한다는 뜻에서 동충하초란 이름이 붙여졌다.

ㄴ 자좌는 원통형이다.

ㄴ 나방류 번데기에 발생하는 자실체

말굽버섯

Fomes fomentarius (L.) Gillet

 분류 담자균문 Basidiomycota | **주름버섯강** Agaricomycetes | 구멍장이버섯목 Polyporales |
구멍장이버섯과 Polyporaceae | 말굽버섯속 Fomes

관공은 여러 층으로 형성되며 회백색을 띤다.

형태적 특징 말굽버섯은 다년생이며 갓의 지름이 5~50㎝ 정도의 대형버섯으로 두께 3~20㎝ 정도까지 자란다. 버섯 전체가 딱딱한 말굽형이거나 반구형이고, 두꺼운 각피로 덮여 있다. 표면은 회백색 또는 회갈색이고, 동심원상의 파상형 선이 있다. 조직은 황갈색이고 가죽질이다. 관공은 여러 개의 층으로 형성되며, 회백색을 띤다. 포자문은 백색이며, 포자 모양은 긴 타원형이다.

발생 시기 및 장소 고목 또는 살아 있는 나무의 껍질에 홀로 발생하며, 목재를 썩히는 부생생활을 한다.

식용 가능 여부 약용과 항암버섯으로 이용된다.

분포 한국, 북반구 온대 이북

참고 말발굽 형태이며, 갓 표면에는 회갈색의 파상형 선이 나타나는 특성이 있다.

말굽 형태를 띠고 있는 자실체

다년생의 버섯으로 겨울에 쉽게 눈에 띈다.

먼지버섯

Astraeus hygrometricus (Pers.) Morgan

 분류 담자균문 Basidiomycota | **주름버섯강** Agaricomycetes | 그물버섯목 Boletales | 먼지버섯과 Diplocystidiaceae | 먼지버섯속 Astraeus

‎ 외피는 습하면 펼쳐지고 건조하면 안쪽으로 다시 감긴다.

‎ 숲 속의 낙엽 주변에 흩어져 발생하는 자실체

형태적 특징 먼지버섯의 자실체는 알 상태일 때 지름이 2~3㎝ 정도이며, 편평한 구형이고, 회갈색 또는 흑갈색이며, 절반은 땅속에 묻혀 있다. 성숙하면 두껍고 단단한 가죽질인 외피가 7~10개의 조각으로 쪼개져 별 모양으로 바깥쪽으로 뒤집어지고, 내부의 얇은 껍질로 덮인 공 모양의 주머니를 노출시킨다. 성숙하면 위쪽의 구멍으로 포자들을 비산시킨다. 별 모양의 외피는 건조하면 안쪽으로 다시 감기고, 외피가 찌그러지면서 포자의 방출을 돕는다. 포자는 구형이며, 갈색이다.

발생 시기 및 장소 봄부터 가을까지 숲 속이나 공터 등에 흩어져 발생한다.

식용 가능 여부 이용 가치가 적으나 약용으로 이용되기도 한다.

분포 한국, 전 세계

‎ 외피가 별모양을 이루는 자실체

‎ 늦가을에 볼 수 있는 버섯이다.

목도리방귀버섯

Geastrum triplex Jungh.

 분류 담자균문 Basidiomycota | **주름버섯강** Agaricomycetes | 방귀버섯목 Geastrales |
방귀버섯과 Geastraceae | 방귀버섯속 Geastrum

도토리 모양의 자실체

낙엽, 부식질의 땅 위에 흩어져 발생

형태적 특징　목도리방귀버섯의 지름은 3~4㎝ 정도이며, 구형이다. 외피는 황록색이며, 5~7조각의 별 모양으로 갈라진다. 갈라진 외피는 2개의 층으로 나뉘는데, 바깥층은 얇은 피질, 안층은 두꺼운 육질로 이루어져 있으며, 회백색의 내피가 뒤집어지면 포자가 포함된 기본체가 노출된다. 도토리 같은 기본체의 위쪽에는 구멍이 있는데 여기를 통해서 포자를 비산시킨다. 포자는 구형이며, 표면에 침상 돌기가 있다.

발생 시기 및 장소　여름부터 가을까지 혼합림 내 낙엽, 부식질의 땅 위에 흩어져 발생한다.

식용 가능 여부　약용버섯

분포　한국, 전 세계

기본체 위쪽의 구멍을 통해 포자를 날린다.

기본체 위쪽의 포자 비산 구멍

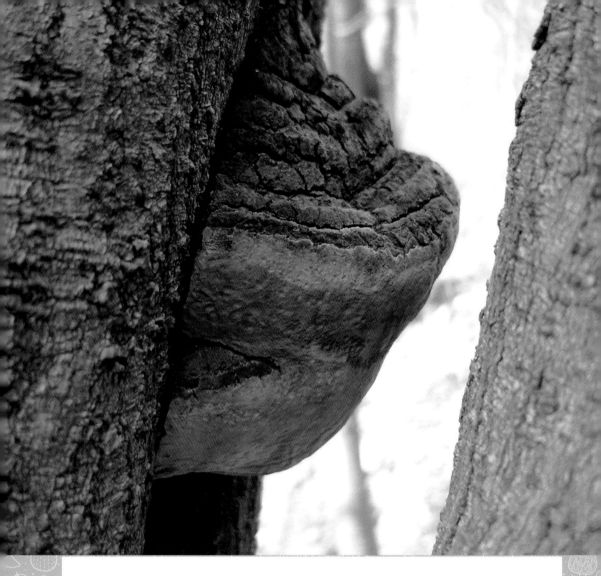

목질열대구멍버섯

(구명: 목질진흙버섯, 뽕나무상황버섯)

Tropicoporus linteus (Berk. & M.A. Curtis) L.W. Zhou & Y.C. Dai

 분류 담자균문 Basidiomycota | **주름버섯강** Agaricomycetes | 소나무비늘버섯목 Hymenochaetales |
소나무비늘버섯과 Hymenochaetaceae | 열대구멍버섯속 Tropicoporus

형태적 특징 목질열대구멍버섯의 갓은 목질로 너비 5~20㎝, 두께는 2~10㎝ 정도로 반원형, 편평형, 말굽형 등 다양한 모양이다. 표면은 검은 갈색의 짧은 털이 있으나 점차 없어지고, 딱딱한 각피질로 되며, 흑갈색 고리 홈선과 가로와 세로로 등이 갈라진다. 갓 둘레는 생육 때는 선명한 황색이다. 대는 없고, 자실층 하면의 관공은 황갈색이며, 다층이다. 각층의 두께는 0.2~0.4㎝ 정도이다. 관공구는 미세하고, 원형이며, 황색이다. 포자문은 연한 황갈색이며, 포자 모양은 유구형이다.

발생 시기 및 장소 고목에 홀로 발생하며, 부생생활을 하는 다년생 버섯이다.

식용 가능 여부 약용을 하는데 항암 효과가 96.7%나 되는 귀중한 약재로 국내에서 재배도 한다.

분포 한국, 아시아, 오스트레일리아, 필리핀, 북아메리카

참고 뽕나무에서 난다고 하여 흔히 상황버섯이라고 부르지만 목질열대구멍버섯은 뽕나무 외에도 자작나무, 산벚나무 등 대부분 활엽수의 입목이나 고목 위에 홀로 발생하는 목재부후성 버섯이다.

⸜ 자실층은 황갈색이며 다층이다.

⸜ 말굽형의 대가 없는 자실체

벌포식동충하초

Ophiocordyceps sphecocephala (Klotzsch ex Berk.) G. H. Sung, J. M. Sung,
Hywel-Jones & Spatafora

분류 자낭균문 Ascomycot | **동충하초강** Sordariomycetes | 동충하초목 Hypocreales |
잠자리동충하초과 Ophiocordycipitaceae | 포식동충하초속 Ophiocordyceps

벌에 기생하여 발생하는 자실체

형태적 특징　벌포식동충하초의 자실체는 기주인 벌 종류의 성충 머리 부위에 일반적으로 1개 발생한다. 두부는 길이가 0.5㎝ 정도로 원통형이며, 정단부는 둥근 모양이고, 연한 등황색을 띤다. 대의 길이는 3～8㎝ 정도로 긴 실 모양이고 굽어 있으며, 연한 황토색을 띠고 매끄럽다. 두부와 대는 확실한 경계가 없다. 포자 모양은 긴 타원형이다.

발생 시기 및 장소　봄에서 가을 사이에 벌의 머리에 기생생활한다.

식용 가능 여부　약용버섯

분포　한국, 일본, 대만, 중국, 유럽

참고　종종 땅속에서 발견되는데, 땅속에서 발견되는 것이 땅 위에 나온 것보다 대의 길이가 길다.

원통형인 대

긴 실 모양의 자실체

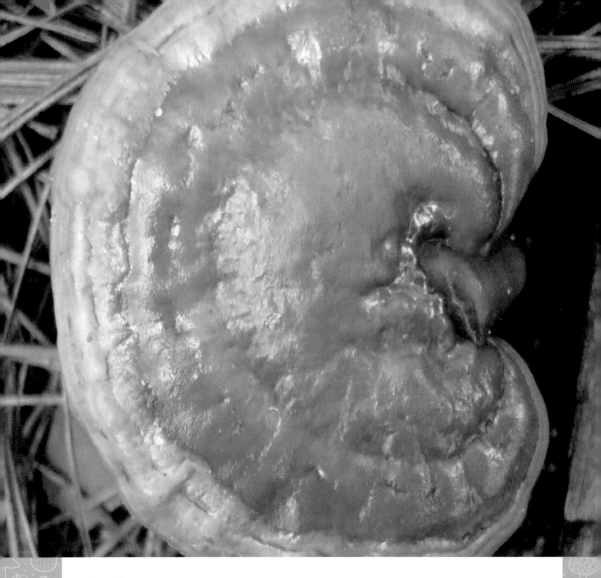

불로초 (구명: 영지)

Ganoderma lucidum (Curtis) P. Karst.

 분류 담자균문 Basidiomycota | **주름버섯강** Agaricomycetes | 구멍장이버섯목 Polyporales | 불로초과 Ganodermataceae | 불로초속 Ganoderma

형태적 특징 불로초 갓의 지름은 5~20㎝이고, 두께는 1~3㎝ 정도이며, 원형 또는 콩팥형이다. 버섯 전체가 옻칠을 한 것처럼 광택이 난다. 표면은 적갈색이고, 갓 둘레는 생장하는 동안은 광택이 나는 황색이며, 동심원상의 얕은 고리 홈선이 있다. 조직은 단단한 목질로 2층으로 되어 있으며, 상층은 백색이고 아래층은 갈황색이다. 관공은 1층이며, 길이는 0.5~1㎝ 정도이며, 관공구는 원형이다. 대의 길이는 2~10㎝ 정도이며, 검은 적갈색으로 휘어져 있으며, 측생이다. 포자문은 갈색이고, 포자모양은 난형이다.

발생 시기 및 장소 여름부터 가을까지 활엽수의 생목 밑동이나 그루터기 위에 무리지어 나거나 홀로 발생하며, 부생생활을 한다.

식용 가능 여부 약용과 항암작용이 있고, 농가에서 재배되고 있다.

분포 한국, 일본, 중국 등 북반구 온대 이북

ㅂ

 갓은 옻칠을 한 것과 같은 광택이 있다.

 동심원상의 고리 홈선이 있다.

 갓이 형성되지 않은 어린 자실체

상단부가 노란색을 띠는 어린 자실체 ♪

대는 갓에 편심생이다. ♪

╰ 적갈색인 갓 표면

╰ 불로초(재배)

산호침버섯

Hericium coralloides (Scop.) Pers.

분류 담자균문 Basidiomycota | **주름버섯강** Agaricomycetes | 무당버섯목 Russulales | 노루궁뎅이과 Hericiaceae | 산호침버섯속 Hericium

형태적 특징   산호침버섯의 자실체는 1~3㎝로 전체적으로 백색이며 노숙하면 담황갈색을 띤다. 대 기부가 짧고 뭉툭하며 기질에 부착되어 있고, 몇 개의 분지가 형성되며 그 분지의 측면 또는 아랫면에서 향지성인 수염 모양의 긴 돌기가 늘어져 있다. 이 수염상 돌기는 백색이고, 0.5~2.5㎝의 다발로 지면을 향해 늘어져 있으며, 백색 또는 담황백색을 띤다. 조직은 백색이며 쓴맛이 강하며 부드럽고 잘 부서진다. 포자문은 백색이고, 포자의 크기는 3~5×3~4㎛로 구형에 가까우며, 평활하다. 이명은 수실노루궁뎅이버섯이다.

발생 시기 및 장소   여름에서 가을까지 침엽수 고사목에 발생한다.

식용 가능 여부   약용버섯

분포   한국, 동아시아, 유럽, 북아메리카

↰ 지면을 향해 산호 모양으로 발생하는 자실체

↰ 백색의 수염상 돌기

손등버섯

Postia tephroleuca (Fr.) Jülich

분류 담자균문 Basidiomycota | **주름버섯강** Agaricomycetes | 구멍장이버섯목 Polyporales | 잔나비버섯과 Fomitopsidaceae | 손등버섯속 Postia

형태적 특징 손등버섯 갓의 지름은 2~10㎝ 정도이고, 두께는 0.5~2㎝ 정도이며, 반원형이다. 표면은 백색 또는 담황색이다. 조직은 질기고, 백색이다. 관공은 어린 버섯에서는 잘 보이지 않으나 성장하면 0.5~1㎝ 정도이며, 연한 황색이다. 관공구는 원형 또는 부정형이다. 대는 없고 기주에 부착되어 생활한다. 포자문은 백색이고, 포자 모양은 원통형이다.

발생 시기 및 장소 봄부터 가을까지 활엽수의 고목, 그루터기, 부러진 가지 위에 무리지어 나거나 홀로 발생하며, 부생생활을 한다.

식용 가능 여부 식용은 불분명하나, 약용으로 사용되기도 한다.

분포 한국, 일본, 중국 등 북반구 온대와 남반구 온대

참고 항종양, 항암 등 널리 약용버섯으로 이용된다.

반원형의 갓 표면은 백색의 털이 밀포

관공은 원형 또는 부정형이다.

반원형으로 백색 또는 담황색인 갓 표면

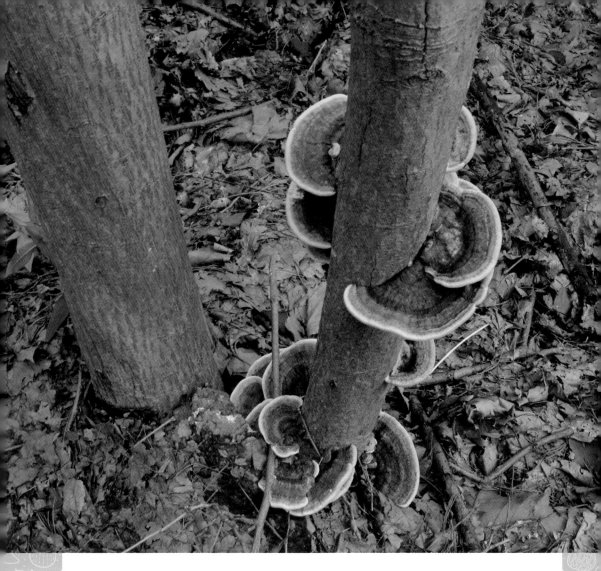

아까시흰구멍버섯

Perenniporia fraxinea (Bull.) Ryvarden

 분류　담자균문 Basidiomycota | **주름버섯강** Agaricomycetes | 구멍장이버섯목 Polyporales |
구멍장이버섯과 Polyporaceae | 흰구멍버섯속 Perenniporia

284

형태적 특징 아까시흰구멍버섯은 1년생으로 갓은 지름이 5~20㎝, 두께가 1~2㎝ 정도이고, 처음에는 반구형이며 연한 황색 또는 난황색의 혹처럼 덩어리진 모양으로 발생하였다가 성장하면서 반원형으로 편평해진다. 갓 표면은 적갈색이나 차차 흑갈색이 되며, 각피화된다. 갓 가장자리는 성장하는 동안 연한 황색이고, 환문이 있다. 조직은 코르크질이고 연한 황갈색이다. 자실층은 황색에서 회백색으로 되며, 상처를 입으면 검은 갈색의 얼룩이 생긴다. 관공은 1개의 층으로 형성되며, 길이는 0.3~1㎝ 정도이고, 관공구는 원형으로 조밀하다. 포자문은 백색이며, 포자 모양은 난형이고 두꺼운 벽을 가지고 있다.

발생 시기 및 장소 봄부터 가을까지 벚나무, 아까시나무 등 활엽수의 살아 있는 나무 밑동에 무리지어 발생하며, 목재를 썩히는 부생생활을 한다.

식용 가능 여부 약용버섯

분포 한국, 일본 등 북반구 온대 이북

참고 1년생 버섯으로 주로 아까시나무에 피해를 준다.

자실층은 미색을 띤다.

반원형의 갓에 환문이 있다.

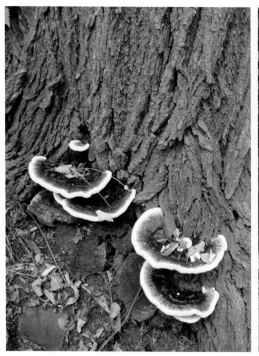

아까시나무 그루터기에 발생한 자실체 ♪

살아있는 나무 밑동에 무리지어 발생 ♪

코르크질의 조직 ♪

회화나무에 겹쳐서 발생한 자실체 ♪

⌐ 어린 자실체는 갓 끝이 황색을 띤다.

⌐ 겹쳐서 발생한 자실체

옷솔버섯

Trichaptum abietinum (Dicks.) Ryvarden

분류 담자균문 Basidiomycota | **주름버섯강** Agaricomycetes | 소나무비늘버섯목 Hymenochaetales |
Incertae sedis | 옷솔버섯속 Trichaptum

형태적 특징 옷솔버섯의 갓은 지름이 1~2㎝, 두께가 0.1~0.2㎝ 정도이며, 반원형이다. 여러 개가 겹쳐서 나며, 표면에는 희미한 고리 무늬가 있고, 짧은 털로 덮여 있으며, 백색 또는 회백색이다. 갓 끝은 톱니 모양이고, 조직은 아교질을 가진 가죽처럼 질기고, 백황색 또는 검은색이다. 관공은 짧고 작으며 치아 모양이고, 관공구는 원형이며, 연한 홍색에서 점차 퇴색된다. 대는 없고 갓이 기주에 붙어 있다. 포자문은 백색이고, 포자 모양은 타원형이다.

발생 시기 및 장소 1년 내내 소나무, 가문비나무 등 침엽수의 생목, 고목, 마른 가지 위에 겹쳐서 발생하며, 부생생활을 해서 목재를 썩힌다.

식용 가능 여부 약용버섯

분포 한국, 중국 등 북반구 온대 이북

참고 약용과 항암작용이 있다.

↖ 치아 모양의 자실층이 습해서 웃자란 모습

갓 표면에 회백색의 짧은 털이 있는 자실체 ♪

겹쳐서 발생한 자실체 ♪

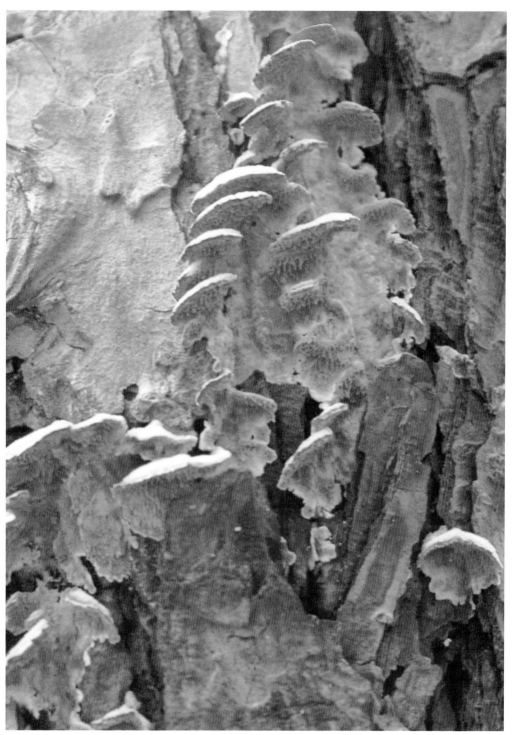

갓 끝은 싱싱할 때 연보라색을 띤다.

자작나무시루뻔버섯

(구명: 차가버섯)

Inonotus obliquus (Ach. ex Pers.) Pilát

 분류 담자균문 Basidiomycota | **주름버섯강** Agaricomycetes | 소나무비늘버섯목 Hymenochaetales | 소나무비늘버섯과 Hymenochaetaceae | 시루뻔버섯속 Inonotus

형태적 특징 자작나무시루뻔버섯의 일반적으로 관찰되는 덩어리 부분은 불완전세대로 불규칙한 균핵형이다. 크기는 9~25cm이고, 표면은 암갈색 또는 검은색으로 거북등과 같이 갈라져 있으며, 조직은 쉽게 부서지고, 자르면 검은색으로 변색된다. 자실층은 배착형이며, 표면은 관공형이고, 종종 수피 아랫부분에 군데군데 발생되며, 크기는 1~10cm 정도의 불규칙한 조각형태이고, 두께는 0.5~1cm이다. 자실층의 색은 어릴 때는 백색을 띠나 갈색으로 변하며, 오래되면 암갈색을 띤다. 관공구는 각진형이거나 타원형이고, 길이는 약 1cm이며, 관공수는 0.1cm당 3~5개이다. 자실층 형성 균사층은 드물게 발달되기도 한다. 조직은 싱싱할 때 부드럽거나 코르크질이고, 건조하면 딱딱해지고, 쉽게 부서진다. 포자는 2가지 형태이다. 후막포자는 난형이며, 올리브갈색을 띠며, 담자포자는 광학현미경 하에서 무색이며, 타원형이다.

발생 시기 및 장소 자작나무 등 활엽수의 생목이나 고사목에 발생하며, 목재를 백색으로 썩히는 부생생활을 한다.

식용 가능 여부 약용버섯

분포 한국, 시베리아, 북아메리카, 북유럽 등 자작나무가 자생할 수 있는 지역에 분포한다.

ㄴ 표면은 거북등과 같이 갈라져 있다.

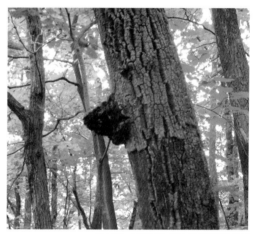

ㄴ 자실체는 자작나무 수피 아랫부분에 발생

ㄴ 조직은 딱딱하고 쉽게 부서진다.

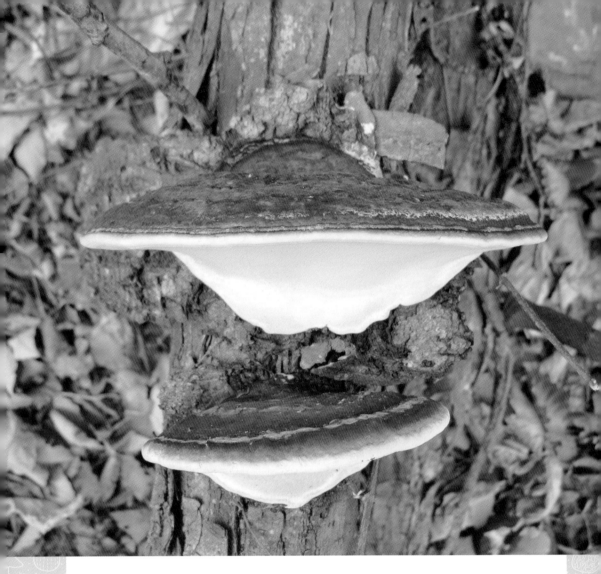

잔나비버섯 (구명: 소나무잔나비버섯)

Fomitopsis pinicola (Sw.) P. Karst.

분류 담자균문 Basidiomycota | **주름버섯강** Agaricomycetes | 구멍장이버섯목 Polyporales | 잔나비버섯과 Fomitopsidaceae | 잔나비버섯속 Fomitopsis

ㄴ 주로 침엽수에 자생하며 관공은 황백색을 띤다.

형태적 특징　잔나비버섯은 다년생이며, 갓의 지름이 5~50㎝ 정도의 대형 버섯으로 두께 3~30㎝ 정도까지 자란다. 처음에는 반구형이나 성장하면서 편평한 말굽형이 되고, 표면에 각피가 있다. 갓의 색깔은 백색이나 점차 적갈색 또는 회갈색이 되고, 생장 과정을 나타내는 환문이 있다. 조직은 백색이고 목질이다. 자실층은 황백색이고, 관공은 여러 개의 층으로 형성되며, 관공구는 원형이다. 포자문은 백색이며, 포자 모양은 타원형이다.

발생 시기 및 장소　주로 침엽수의 고목 또는 살아 있는 나무 위에 발생하는 다년생 버섯이다.

식용 가능 여부　약용과 항암버섯으로 이용된다.

분포　한국, 일본, 중국 등 북반구 온대 이북

참고　다년생 버섯으로 생장은 주로 여름부터 가을까지 한다.

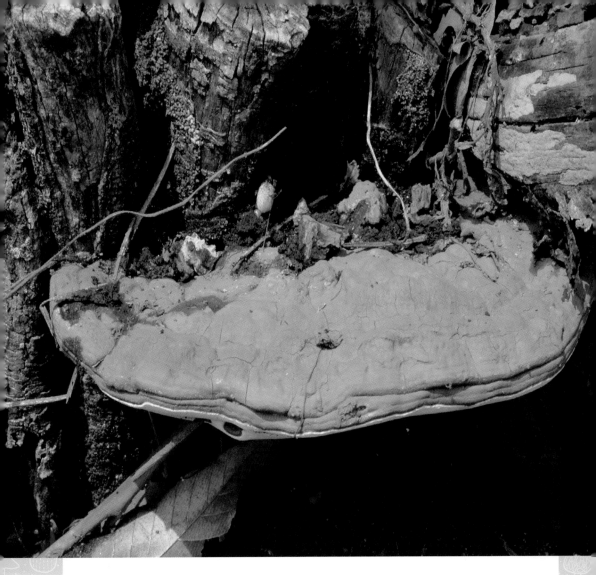

잔나비불로초

Ganoderma applanatum (Pers.) Pat.

 분류 담자균문 Basidiomycota | **주름버섯강** Agaricomycetes | 구멍장이버섯목 Polyporales | 불로초과 Ganodermataceae | 불로초속 Ganoderma

형태적 특징 잔나비불로초의 갓은 지름이 5~50㎝ 정도이고, 두께가 2~5㎝로 매년 성장하여 60㎝가 넘는 것도 있으며, 편평한 반원형 또는 말굽형이다. 갓 표면은 울퉁불퉁한 각피로 덮여 있고 동심원상 줄무늬가 있으며, 색깔은 황갈색 또는 회갈색을 띤다. 종종 적갈색의 포자가 덮여 있다. 갓 하면인 자실층은 성장 초기에는 백색이나 성숙하면서 회갈색으로 변하나, 만지거나 문지르면 갈색으로 변한다. 조직은 단단한 목질이며, 관공구는 원형으로 여러 층에 있으며, 지름이 1㎝ 정도이다. 대는 없고, 기주 옆에 붙어 생활한다. 포자문은 갈색이고, 포자 모양은 난형이다.

발생 시기 및 장소 봄부터 가을 사이에 활엽수의 고사목이나 썩어가는 부위에 발생하며, 다년생으로 1년 내내 목재를 썩히며 성장한다.

식용 가능 여부 약용버섯

분포 한국, 전 세계

참고 북한명은 넓적떡다리버섯이며, 외국에서는 갓의 폭이 60㎝ 이상 되는 것도 있어 원숭이들이 버섯 위에서 놀기도 한다고 한다.

　관공은 성장 초기에 백색을 띤다.

말굽형의 갓 ♪

단단한 목질의 조직 ♪

다년생의 버섯으로 자랄 때마다 동심원상의 줄무늬가 생긴다. ♪

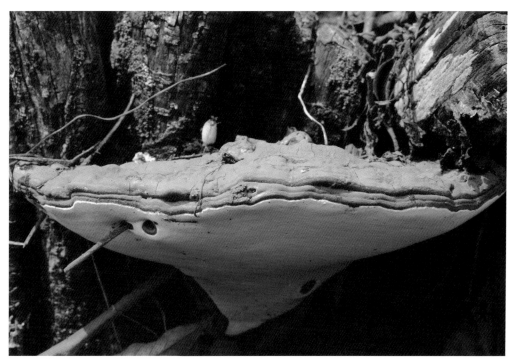

ㄴ 갓 표면에 갈색인 포자가 싸여 있다.

ㄴ 참나무 등 활엽수 그루터기에 자생한다.

좀주름찻잔버섯

Cyathus stercoreus (Schwein.) De Toni

분류 담자균문 Basidiomycota | **주름버섯강** Agaricomycetes | 주름버섯목 Agaricales |
주름버섯과 Agaricaceae | 주름찻잔버섯속 Cyathus

미성숙된 어린 자실체 ／ 볏짚 등 유기물에 무리지어 발생

🍄**형태적 특징** 좀주름찻잔버섯의 자실체는 찻잔 모양 또는 컵 모양이며 폭은 0.5~1㎝, 길이는 1㎝ 정도이고 황갈색 또는 회갈색을 띤다. 각피는 3개의 층을 이루는데 외피는 갈색의 두꺼운 털이 빽빽하고 성숙하면 벗겨진다. 안쪽 면은 매끄러우며 남색을 띤다. 포자가 성숙하면 상단부가 열리면서 컵 모양으로 벌어진다. 컵 내부는 윤기가 나고, 반질반질하며, 바둑돌 모양의 소피자가 가득 들어 있다. 소피자 안에 포자들이 들어 있다. 비가 오면 빗물에 의해 튕겨져 나가 주변으로 번지며 그 속의 포자들이 밖으로 나오면서 번식하게 된다. 포자 모양은 난형이며, 백색이다.

🍄**발생 시기 및 장소** 이른 봄부터 늦가을까지 퇴비, 볏짚, 목재, 죽은 나뭇가지, 그루터기, 모래 등의 위에 무리지어 발생한다.

🍄**식용 가능 여부** 약용버섯

🍄**분포** 한국, 전 세계

🍄**참고** 자실체의 컵 안쪽 면에 주름이 없어 주름찻잔버섯과 구별이 된다.

상단부가 컵 모양이며 성숙하면 막이 벗겨진다. ／ 두꺼운 털에 싸인 외피

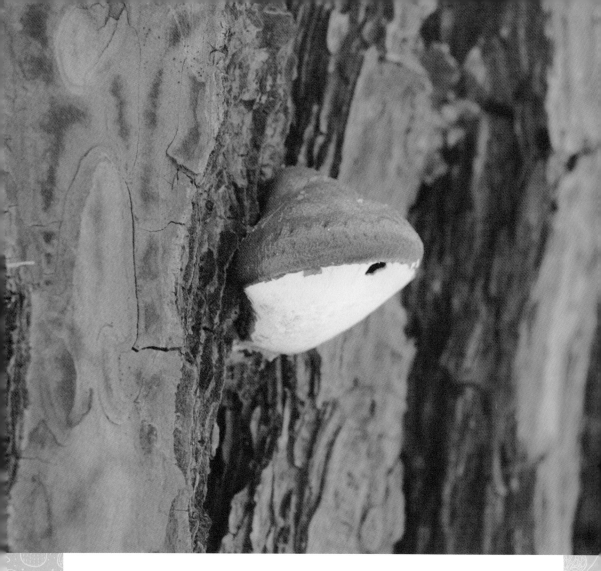

한입버섯

Cryptoporus volvatus (Peck) Shear

 분류 담자균문 Basidiomycota | **주름버섯강** Agaricomycetes | 구멍장이버섯목 Polyporales |
구멍장이버섯과 Polyporaceae | 한입버섯속 Cryptoporus

형태적 특징 한입버섯 갓의 크기는 2~10㎝, 높이는 5~10㎝ 정도이며, 표면은 황갈색 또는 갈색이며, 광택이 있고, 매끄럽다. 대는 없고 기주에 붙어 생활한다. 갓의 밑부분은 백색 또는 담황색의 피막으로 덮여 관공면이 노출되지 않으나, 나중에는 지름 0.5~1㎝ 정도의 타원형 구멍이 뚫려 외기와 통하게 된다. 포자문은 백색이고, 포자 모양은 원통형이다.

발생 시기 및 장소 여름부터 가을까지 침엽수의 고목, 소나무의 고목 또는 생목의 껍질에 무리지어 나며, 부생생활로 목재를 썩힌다.

식용 가능 여부 약용버섯

분포 한국, 일본, 중국, 동남아시아, 북아메리카, 유럽

참고 순환기장애에 좋은 약용버섯이다. 북한명은 밤알버섯이다.

포자가 형성되면 1개의 구멍이 뚫려 외부와 통하게 된다.

광택이 나는 자실체

대는 없고 기주에 붙어서 생활

독버섯

갈색고리갓버섯

Lepiota cristata (Bolton) P. Kumm.

 분류　담자균문 Basidiomycota **| 주름버섯강** Agaricomycetes **| 주름버섯목** Agaricales **|**
주름버섯과 Agaricaceae **| 갓버섯속** Lepiota

형태적 특징 갈색고리갓버섯의 갓은 지름이 2~7㎝ 정도로 초기에는 종형이나 성장하면서 볼록편평하게 펴진다. 표면은 연한 갈색 또는 적갈색이며, 성장하면 중앙부 이외의 표피가 갈라져 작은 인피를 형성하여 백색 섬유상 바탕 위에 산재하게 된다. 조직은 백색 또는 적갈색이다. 주름살은 끝붙은주름살형이며, 빽빽하고, 백색 또는 연한 황색이다. 대의 길이는 3~5㎝ 정도이며, 위아래 굵기가 비슷하고, 표면은 처음에는 백색이나 점차 연한 홍색으로 변한다. 턱받이는 막질이며, 쉽게 탈락된다. 대의 속은 비어 있다. 포자문은 백색이며, 포자 모양은 마름모꼴의 총알형이다.

발생 시기 및 장소 여름과 가을에 정원, 잔디밭이나 혼합림 내 습한 땅 위에 홀로 또는 흩어져 발생하며, 부생생활을 한다.

식용 가능 여부 독버섯

분포 한국, 전 세계

포자는 백색으로 주름살 색과 같다.

갓이 성장하면 갈색의 인편이 작은 조각으로 펼쳐진다. ♪

백색의 주름살 ♪

갈황색미치광이버섯

Gymnopilus spectabilis (Fr.) Singer

 분류 담자균문 Basidiomycota | **주름버섯강** Agaricomycetes | 주름버섯목 Agaricales |
턱받이버섯과 Hymenogastraceae | 미치광이버섯속 Gymnopilus

활엽수 부후목에 다발로 발생한 자실체

형태적 특징 갈황색미치광이버섯의 갓은 지름이 3.8~13.7㎝로 원추형 또는 종형이나 성장하면 반반구형 또는 편평형으로 된다. 건성이고 등황황색이나 등황갈색을 띠며, 초기에는 미세한 벨벳상이거나 평활하지만 성장하면 표면이 갈라져 가느다란 섬유질 인피를 형성한다. 갓 끝은 상당 기간 안쪽으로 말려 있으며, 종종 갓의 끝에 내피막의 잔유물인 담황색 또는 담황토색을 띤 섬유상 막질이 부착되어 있다. 조직은 유황색 또는 등황색이며 맛은 쓰다. 주름살은 홈주름살 또는 짧은내린주름살이며, 빽빽하고 황색을 띠나 성장하면 황갈색이나 밝은 적갈색을 띤다. 대의 길이는 5.5~14.5㎝로 하부 쪽은 굵으며 기부는 다시 가늘어져 방추형이다. 턱받이 상부는 옅은 황금색을 띠며 백색의 분질이 있고, 턱받이 아래쪽은 황토황색 또는 적갈색을 띠며 백색의 섬유질 인피가 있다. 턱받이는 막질이고 영존성이며 담황색을 띠다가 포자가 떨어지면 황갈색 또는 갈색을 띤다. 조직은 단단하고 섬유상 육질이며, 옅은 황색을 띤다. 포자문은 담적갈황색이며, 포자는 타원형이고, 표면에 작은 돌기와 포자반이 있다.

발생 시기 및 장소 주로 경기도 광릉, 지리산 등지에서 여름과 가을에 활엽수 고사목의 그루터기 주위 또는 살아 있는 나무 뿌리의 주위에서 발견 된다.

식용 가능 여부 독버섯

분포 한국, 일본, 유럽 등 북반구 온대

↳ 갓의 인피

↳ 인피가 있는 대 표피

↳ 갈색의 포자가 낙하되면서 황갈색을 띠는 턱받이

독버섯　**311**

갓그물버섯

Pulveroboletus ravenelii (Berk. & M. A. Curtis) Murrill

분류 담자균문 Basidiomycota | **주름버섯강** Agaricomycetes | 그물버섯목 Boletales | 그물버섯과 Boletaceae | 갓그물버섯속 Pulveroboletus

형태적 특징 갓그물버섯의 갓은 지름이 3∼10㎝ 정도로 둥근 산 모양에서 성장하면서 편평한 모양으로 된다. 갓 표면은 조금 끈적거리며, 노란색의 분말 가루로 덮여 있고, 가운데는 약간 갈색을 띤다. 조직은 백색 또는 황색이나 상처를 입으면 청색으로 변한다. 관공은 끝붙은관공형으로 황색에서 검은 갈색으로 변한다. 대의 길이는 3∼10㎝ 정도이며, 속은 조직으로 차 있으며, 표면은 노란색의 가루로 덮여 있다. 노란색의 거미집 막으로 덮였다가 대 위쪽에 턱받이만 남고 나중에 없어진다. 포자문은 황록색이며, 포자 모양은 긴 방추형이다.

발생 시기 및 장소 여름부터 가을 사이에 활엽수림, 침엽수림의 땅에 홀로 또는 흩어져 발생하며, 외생균근성 버섯이다.

식용 가능 여부 독버섯

분포 한국, 일본, 중국, 홍콩, 싱가포르, 북아메리카

참고 노란색의 막은 갓에서 대까지 덮여 있다가 갓에서 떨어진다.

거미집 형태의 내피막

대 상부에 턱받이 흔적이 있다.

노란색의 분말 가루로 덮인 자실체 ♪

갈색 인편이 있는 갓 표면 ♪

레몬색 거미집 모양의 내피막 ♪

ㄴ 어린 자실체

ㄴ 관공은 황색을 띠나 포자를 형성하면 흑갈색으로 변한다.

개나리광대버섯

Amanita subjunquillea S. Imai

 분류 담자균문 Basidiomycota | **주름버섯강** Agaricomycetes | 주름버섯목 Agaricales | 광대버섯과 Amanitaceae | 광대버섯속 Amanita

형태적 특징 개나리광대버섯의 자실체는 초기에는 백색의 작은 난형(달걀 모양)이나 점차 윗부분이 갈라져 갓과 대가 나타난다. 갓은 3.4~7.8㎝로 원추상 난형 또는 원추상 반구형이나 성장하면 반반구형 또는 중고편평형으로 된다. 표면은 습할 때 다소 점성이 있고, 밝은 등황색, 황토색 또는 녹토황색을 띤다. 조직은 육질형이며 백색이다. 주름살은 떨어진주름살이고 약간 빽빽하며, 백색이나 주름살날은 다소 분질상이다. 대는 5.4~11.5㎝로 원통형이며, 기부는 구근상이다. 표면은 건성이고, 백색 또는 옅은 황색 바탕에 담갈황색의 섬유상 인피가 있다. 턱받이는 막질형으로 백색 또는 옅은 황색이다. 대주머니는 백색이나 옅은 갈색을 띠며 막질형이다. 포자문은 백색이고, 포자는 유구형 또는 구형이며 아밀로이드이다.

발생 시기 및 장소 여름과 가을에 침엽수림 또는 활엽수림 내 지상에 흩어져서 혹은 홀로 발생하는 외생균근균이며, 전국적으로 발생한다.

감별해야 할 식용버섯 노란달걀버섯과 구별해야 한다. 경북 지방의 일부 지역에서는 사람들이 노란달걀버섯을 '꾀꼬리버섯'으로 잘못 부르고 있다. 간혹 이 버섯과 형태적으로 매우 유사한 개나리광대버섯을 잘못 알고 먹어 중독사고가 발생하고 있으며, 생명을 잃기도 한다. 이 버섯에 의한 중독증상은 독우산광대버섯에 의한 중독증상과 매우 유사하다.

식용 가능 여부 독버섯(맹독성). 버섯 1~3개(약 50g)가 치명적인 용량의 아마톡신을 함유하고 있다.

분포 한국, 일본, 중국 동북부, 러시아 연해주

초기에는 백색의 작은 달걀 모양

구근상의 기부가 있다.

낙엽 속의 어린 자실체 ↗

옅은 등황색을 띠는 대의 표면 ↗

백색 막질의 턱받이 ↗

ㄱ

↘ 백색의 주름살과 턱받이

↘ 대 기부에 있는 대주머니

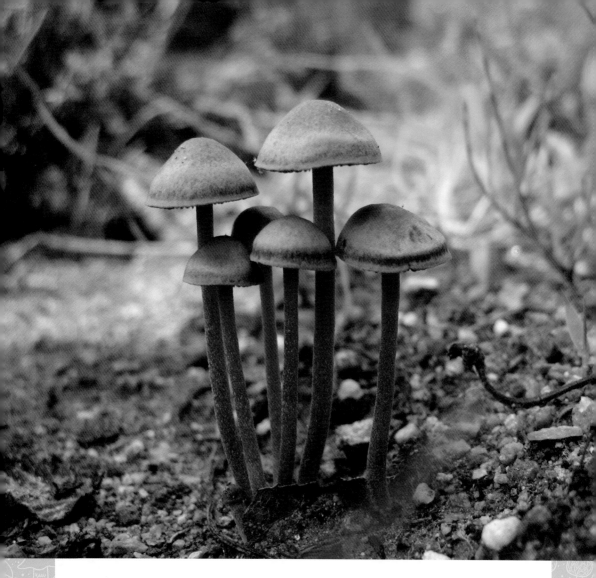

검은띠말똥버섯

Panaeolus subbalteatus (Berk. & Broome) Sacc.

분류 담자균문 Basidiomycota | **주름버섯강** Agaricomycetes | **주름버섯목** Agaricales |
Incertae sedis | 말똥버섯속 Panaeolus

🍄 **형태적 특징** 검은띠말똥버섯의 갓은 1.5~4.5㎝로 유구형이나 성장하면 반구형, 반반구형 또는 중고편평형으로 된다. 표면은 습할 때 암적갈색을 띠나 건조하면 담황토색 또는 담황토갈색을 띠고, 평활하나 드물게는 갈라져 미세한 인피를 형성한다. 갓 끝은 주름살보다 신장된 갓 깃을 형성하지 않는다. 조직은 얇고 담황색을 띤다. 주름살은 완전붙은주름살이며 약간 빽빽하고, 회색 또는 회백색이나 점차 적갈색 또는 암갈흑색의 반점이 나타나고 전체가 흑색으로 변한다. 주름살날은 백색이고 분질상이다. 대는 4.5~8.5㎝로 원통형이며 가늘고 길다. 표면은 유백색 또는 옅은 적갈색을 띠며 백색의 분질물이 덮여 있다. 대 속은 비어 있고 연골질이다. 포자문은 갈흑색 또는 흑색이고, 포자 모양은 레몬형 또는 타원형이며, 분명한 발아공이 있고 포자벽은 두껍다.

🍄 **발생 시기 및 장소** 여름과 가을에 목초지의 소나 말의 배변물에서 발생한다. 버섯의 포자가 풀잎에 붙어 있다가 초식동물(말이나 소 등)이 풀을 먹으면 초식동물의 장기를 통과하여 나오면서 포자 발아가 시작되기 때문이다. 발생장소는 말똥버섯과 거의 동일하나 발생 시기는 다소 늦다.

🍄 **식용 가능 여부** 독버섯

🍄 **분포** 한국, 전 세계

퇴비를 이고 올라오는 버섯 🌙

주름살에 생긴 곤충집 🌙

목초지에 발생한 자실체 ♪

퇴비에 발생한 자실체 ♪

나팔형의 자실체 ♪

원통형의 가늘고 긴 대 ♪

ㄴ 검은색 띠가 있는 갓

ㄴ 담황토색의 갓 표면

ㄴ 검은색 포자가 있는 주름살

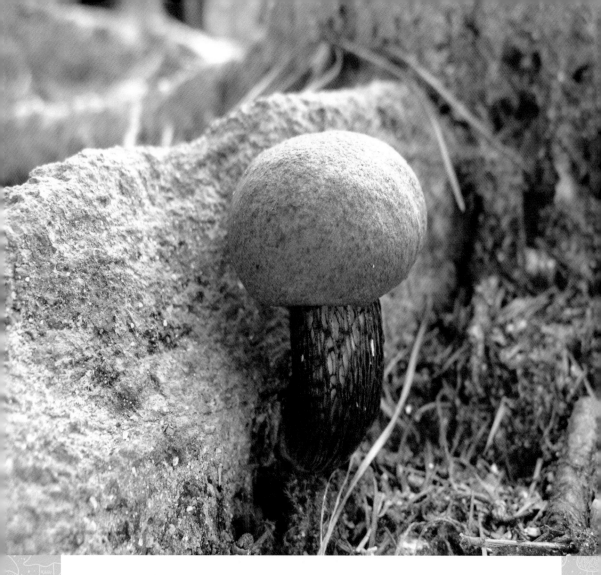

검은망그물버섯

Retiboletus nigerrimus (R. Heim) Manfr. Binder & Bresinsky

분류 담자균문 Basidiomycota | **주름버섯강** Agaricomycetes | 그물버섯목 Boletales | 그물버섯과 Boletaceae | 망그물버섯속 Retiboletus

형태적 특징 검은망그물버섯의 갓은 5.5~13.5㎝로 반구형 또는 반반구형이고, 성장하면 편평하게 펴진다. 표면은 건성이고 올리브회색이나 성장하면 흑색 또는 자흑색으로 되며 평활하거나 미세한 털이 있다. 조직은 두껍고 육질형이며 담회백색 또는 담녹황색이나 상처를 입으면 흑색으로 변한다. 약간 쓴맛 또는 신맛이 난다. 관공은 대에 끝붙은관공형으로 점차 대 주위가 함입되어 떨어진관공형이 되고, 초기에는 담회황색 또는 녹회색을 띠다가 후에 등회색 또는 자회색으로 변하고 상처를 입으면 서서히 흑색으로 된다. 관공구는 유각형이고 관공과 같은 색을 띠며, 상처를 입으면 흑변한다. 대의 길이는 4.5~12㎝로 원통형이다. 전면에 현저한 돌기상 망목이 있으며 황록색 또는 회황색이고, 성장하면 기부에 올리브황색 또는 갈황색의 인피가 나타나며 상처를 입으면 흑색으로 된다. 포자문은 상아색 또는 베이지색이며, 포자는 유방추형이다.

발생 시기 및 장소 여름과 가을에 적송림과 참나무가 많은 지상에 자생한다.

감별해야 할 식용버섯 흰굴뚝버섯과 구별해야 한다. 식용버섯인 흰굴뚝버섯은 송이가 발생되고 난 후 늦가을에 솔밭에서 발생되는 버섯이다. 검은망그물버섯보다 조직이 훨씬 촘촘하며 대가 짧다.

식용 가능 여부 독버섯이다. 갓은 아리고 쓴맛이 강하며, 대는 쓴맛이 있고 치즈향이 난다.

분포 한국, 일본, 뉴기니아, 싱가포르, 보르네오

╰ 뚜렷한 망목이 있는 대

만지거나 건조하면 검게 변한다. ↗

건조하면 검게 변한다. ↗

분홍갈색을 띤 관공 ↗

326

⤷ 어린 자실체

⤷ 성숙하면 연분홍을 띠는 관공

고동색광대버섯

Amanita fulva Fr.

 분류 담자균문 Basidiomycota | **주름버섯강** Agaricomycetes | 주름버섯목 Agaricales | 광대버섯과 Amanitaceae | 광대버섯속 Amanita

형태적 특징 고동색광대버섯의 갓은 지름이 4~10㎝ 정도로 종 모양에서 차차 볼록편평형이 된다. 표면은 적갈색이며 가운데는 짙은 색을 띠고, 습기가 있을 때는 끈적거리며, 외피막의 파편이 붙어 있다. 갓 둘레는 뚜렷한 방사상 홈선이 있고, 조직은 백색이다. 주름살은 백색의 끝붙은주름살형으로 빽빽하다. 대의 길이는 5~15㎝ 정도이며, 위쪽이 약간 가늘고, 속이 비어 있다. 표면에는 때때로 연한 황갈색의 비단 모양 또는 솜털 모양의 인편이 있고, 기부에는 백색의 대주머니가 있다. 포자문은 백색이며, 포자 모양은 구형이다.

발생 시기 및 장소 여름부터 가을 사이에 숲 속의 땅에 홀로 나거나 흩어져 발생하며, 외생균근성 버섯이다.

식용 가능 여부 독버섯

분포 한국, 동아시아, 유럽, 북아메리카, 북아프리카

↳ 가장자리에 홈선이 있는 갓

↳ 윤기가 있는 갓

↳ 갓 끝 부위에 방사사의 주름이 있다.

금관버섯

Baorangia pseudocalopus (Hongo) G. Wu & Zhu L. Yang

 분류 담자균문 Basidiomycota | **주름버섯강** Agaricomycetes | 그물버섯목 Boletales |
그물버섯과 Boletaceae | 금관버섯속 Baorangia

형태적 특징 금관버섯의 갓은 4.5~16.5㎝로 반구형 또는 반반구형이고, 갓 끝은 안쪽으로 말려 있으나 성장하면 반반구형이거나 편평하게 퍼진다. 표면은 건성이고 평활하거나 약간 면모상이며, 성장하면 종종 귀열상으로 갈라진다. 적갈색, 황갈색 또는 담적갈색, 담황적색을 띤다. 조직은 두껍고 육질이며 담황색이나 상처를 입으면 청색으로 변한 다음 시간이 경과하면 퇴색하여 회색으로 된다. 미성숙한 것은 거의 청변하지 않거나 담청색을 띤다. 성숙한 자실체는 치즈 냄새가 나며 약간 신맛이 난다. 관공은 대에 완전붙은관공형 또는 짧은내린관공형이며 황색, 호박색에서 점차 갈색으로 변하고, 상처를 입으면 녹청색으로 변한다. 관공구는 원형 또는 각형이고 관공과 같은 색이며, 색 변화도 같은 양상이다. 대의 길이는 4.5~12.3㎝로 원통형이나 하부 쪽이 굵고 곤봉형(기부 7.5㎝)이며, 표면은 상부에서 중반부까지 가느다란 망목이 있으며 황색을 띠고, 하부는 옅은 적색, 암적색 또는 암적갈색을 띠고, 상처를 입으면 청변한다. 포자문은 올리브갈색이며, 포자는 유방추형이다.

발생 시기 및 장소 주로 여름과 가을에 적송림과 참나무 혼합림 내 지상에서 비교적 드물게 발견된다.

감별해야 할 식용버섯 자실층이 관공으로 이루어진 식용버섯류인 비단그물버섯속과 그물버섯속의 버섯류

식용 가능 여부 독버섯

분포 한국, 일본

갓 표면이 건성인 자실체 ↗

대에 내린 관공 ↗

긴골광대버섯아재비

Amanita longistriata S. Imai

 분류　담자균문 Basidiomycota | **주름버섯강** Agaricomycetes | 주름버섯목 Agaricales |

광대버섯과 Amanitaceae | 광대버섯속 Amanita

ㄴ 대의 표면은 섬유상 선이 있다.

ㄴ 균륜을 이루기도 한다.

깔때기버섯

Clitocybe nebularis (Batsch) P. Kumm.

 분류 담자균문 Basidiomycota | **주름버섯강** Agaricomycetes | 주름버섯목 Agaricales |
송이과 Tricholomataceae | 깔때기버섯속 Clitocybe

ㄱ

└ 편평한 갓 윗면

형태적 특징 깔때기버섯은 갓의 크기가 5.5~14㎝로 깔때기버섯류 중에서 매우 크며, 모양은 초기에 반반구형이고 갓 끝은 안쪽으로 말려 있으며, 성장하면 점차 편평하게 펴진다. 중앙 부위는 다소 함몰되거나 약간 돌출되어 있으며, 갓 끝은 위로 반전되기도 한다. 표면은 회색, 옅은 갈회색 또는 옅은 갈색을 띠며, 습할 때는 약간 점성이 있고 갓 끝 부위에 방사상의 섬유질이 드물게 나타난다. 조직은 비교적 두꺼우며 치밀하고 백색이다. 맛과 향기는 다소 불분명하다. 주름살은 대에 짧은내린주름살이고 빽빽하며 옅은 황백색 또는 백황색을 띤다. 주름살날은 평활하다. 주름살은 갓 조직으로부터 분리가 잘 된다. 대의 길이는 4.2~8.3㎝로 대 하부쪽이 굵어져 곤봉형이 되거나 기부가 팽대해져 괴근형을 이룬다. 표면은 백색 또는 옅은 회색 바탕에 종으로 옅은 회갈색의 섬유질이 있으며, 대 기부에 백색 균사모가 있다. 속은 차 있거나 다소 비어있다. 포자문은 옅은 황색이며, 포자는 타원형이고 표면은 평활하며, 비아밀로이드이다.

ㄱ

🍄**발생 시기 및 장소** 여름에서 늦가을에 주로 침엽수림 내 지상 또는 부식질이 많은 곳에 무리지어 나거나 드물게는 흩어져서 발생한다.

🍄**식용 가능 여부** 준 독버섯이다. 식용으로 알려져 있지만 사람에 따라서는 소화불량을 일으키기도 하므로 주의가 필요한 버섯이다.

🍄**분포** 북반구 일대

균륜을 이루면서 발생하는 형태 ♪

ㄴ 뒷면의 대에 짧게 내린주름살의 모양

ㄴ 균륜 형성

노란개암버섯

Hypholoma fasciculare (Huds.) P. Kumm.

분류　담자균문 Basidiomycota | **주름버섯강** Agaricomycetes | 주름버섯목 Agaricales |
포도버섯과 Strophariaceae | 개암버섯속 Hypholoma

전체가 유황색을 띤 자실체 ↵

쉽게 떨어지는 섬유상의 내피막 ↵

🍄**형태적 특징** 노란개암버섯의 갓은 2~4(8)㎝로, 초기에는 원추형이나 점차 반반구형 또는 중고편평형으로 되며, 전체가 유황색 또는 황록색을 띤다. 주변부는 견사상 인편이 덮여 있으며, 초기에는 갓 끝이 안으로 말려 있고 종종 내피막의 일부가 갓 끝에 붙어 있다. 주름살은 완전붙은주름살이고 빽빽하며, 폭이 좁고 유황색 또는 녹황색이다. 대는 5~12㎝로 상하 굵기가 같으며, 유황색이나 점차 황갈색 또는 갈색으로 되며, 내피막은 백색 또는 담황색의 섬유상이나 쉽게 소실되며, 포자가 낙하되면 암갈색의 내피막 흔적이 있다. 조직은 쓴맛이 난다. 포자문은 자갈색이며, 포자는 타원형이고, 발아공이 있다.

🍄**발생 시기 및 장소** 봄에서 가을 사이에 발생하며, 보통 침엽수의 고사목이나 활엽수 고사목에서 발견된다.

🍄**감별해야 할 식용버섯** 식용버섯인 개암버섯과 매우 유사하다. 개암버섯은 가을에 밤이 떨어질 때 밤나무 그루터기에 소수 무리지어 발생하며, 갓의 색은 적갈색을 띠고 백색의 얇은 섬유상 인피가 피복되어 있으며, 맛은 쓰지 않다는 점이 다르다. 다발버섯은 봄부터 가을까지 발생하며, 성장 초기에는 자실체 전체가 유황색이란 점과 조직을 씹으면 매우 쓰다는 점이 특징적이다.

🍄**식용 가능 여부** 독버섯

🍄**분포** 한국, 전 세계

건조할 때는 갓 표면이 갈라지기도 한다. ♪

위아래 굵기가 같은 대 ♪

반반구형의 갓 ♪

다발로 발생하는 자실체 ♪

342

↳ 유황색의 갓

↳ 황록색을 띤 성장한 자실체. 거미줄상의 턱받이 부분에 자갈색의 포자가 붙어 있다.

노란젖버섯

Lactarius chrysorrheus Fr.

 분류   담자균문 Basidiomycota | **주름버섯강** Agaricomycetes | 무당버섯목 Russulales |

무당버섯과 Russulaceae | 젖버섯속 Lactarius

형태적 특징 노란젖버섯의 갓은 3.2~8.5㎝로 반반구형 또는 중앙오목반구형이고, 갓 끝은 대에 부착되어 있으나 성장하면 갓 끝이 펴지며 편평형, 중앙오목편평형 또는 유깔때기형으로 된다. 표면은 평활하고 습할 때 약간 점성이 있으며, 황토황색이나 연한 살색을 띠고 짙은 색의 동심원상 환문이 있다. 갓 표피층은 잘 벗겨지며, 표피 하층은 붉은색을 띠고 조직은 거의 백색이나 자르면 황변하며, 유액은 백색이나 상처를 입어 공기와 접하면 황변하며 매운맛이 난다. 주름살은 떨어진주름살 또는 끝붙은주름살이며 약간 빽빽하고 백색이나 점차 담황색으로 되며, 주름살날은 평활하다. 대의 길이는 2.4~9.5㎝로 원통형으로 상하 굵기가 비슷하다. 표면은 평활하거나 다소 주름 모양의 종선이 있으며, 갓보다 옅은 색이나 후에 짙은 색으로 된다. 성장하면 대 속의 조직은 해면질화되거나 비어 있다. 포자문은 백색이며, 포자는 유구형 또는 난상 유구형이고, 표면에는 크고 작은 돌기와 미세한 망목이 있으며 아밀로이드이다.

발생 시기 및 장소 주로 가을에 참나무나 소나무(적송)가 혼재한 산림의 지상에 소수 무리지어 발생한다.

감별해야 할 식용버섯 배젖버섯

식용 가능 여부 독버섯

분포 한국 등 북반구 온대

↖ 갓에 황토색톤의 동심원상 환문이 나타남

갓 표면에 점성이 있는 자실체 ⌐

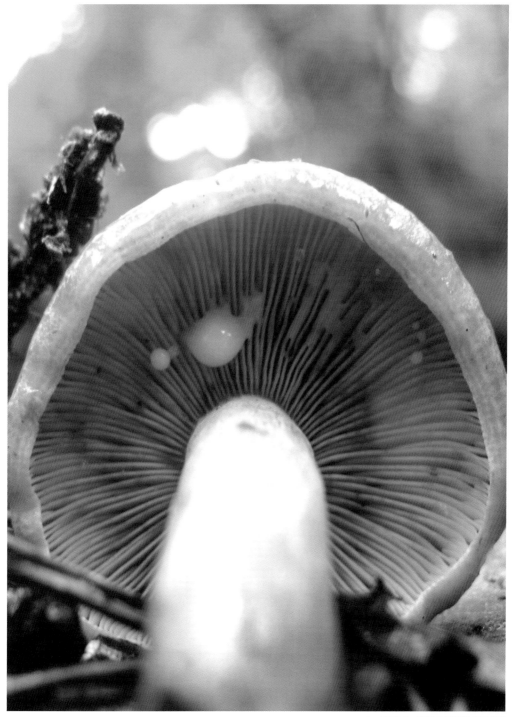

ㄴ 황변하는 유액과 평활한 주름살날

독버섯　**347**

노랑싸리버섯

Ramaria flava (Schaeff.) Quél.

 분류 담자균문 Basidiomycota | **주름버섯강** Agaricomycetes | 나팔버섯목 Gomphales | 나팔버섯과 Gomphaceae | 싸리버섯속 Ramaria

ㄴ U자 또는 V자로 갈라지는 분지

🍄 **형태적 특징** 노랑싸리버섯의 자실체는 중형 또는 대형이고 8.5~18.5㎝로 산호형이며, 자실체의 기부는 뭉툭하고 백색을 띠며 폭은 1~5.5㎝이다. 그 위에 다수의 분지가 형성되며 위쪽으로 반복하여 분지가 나타난다. 상부로 갈수록 분지는 가늘어지며, 분지 끝은 보통 2개의 분지로 갈라지고, 갈라진 형태는 U자형 또는 V자형이다. 대의 기부를 제외하고는 유황색 또는 레몬색이며, 분지 끝은 황색을 띠고 성숙 후에는 다소 퇴색하여 황토색을 띤다. 조직은 백색이며 육질형이고, 상처를 입거나 시간이 지나면 다소 적색을 띤다. 맛은 기부 쪽은 부드러우나 분지 끝은 약간 쓴맛이 있다. 포자문은 황색이며, 포자는 원통상 타원형 또는 긴 타원형이고, 사마귀상 돌기가 있고 종종 인접한 돌기가 결합되어 있다.

🍄 **발생 시기 및 장소** 늦여름과 가을에 활엽수림 또는 침엽수림의 지상에 무리지어 발생한다.

🍄 **감별해야 할 식용버섯** 싸리버섯

🍄 **식용 가능 여부** 준독성이다.

🍄 **분포** 한국, 일본, 중국, 유럽

달화경버섯 _(구명: 화경버섯, 화경솔밭버섯)

Omphalotus japonicus (Kawam.) Kirchm. & O.K. Mill.

 분류　담자균문 Basidiomycota | **주름버섯강** Agaricomycetes | 주름버섯목 Agaricales |
화경버섯과 Omphalotaceae | 화경버섯속 Omphalotus

형태적 특징 달화경버섯의 갓은 6.7∼
22.5㎝로 어른 손바닥만 하며 조개형
또는 신장형이다. 표면은 황등갈색·자
갈색 또는 암자갈색을 띠고 짙은색의
인피가 있다. 주름살은 내린주름살이고
폭은 넓으며 약간 빽빽하고 옅은 황색
또는 백색이다. 빛이 없는 밤에는 청백
색의 인광이 난다. 대의 길이는 1.2∼
2.7㎝로 짧고 뭉툭하며 편심생이고, 돌
출된 불완전한 턱받이가 있다. 조직은
두껍고 육질형이며, 백색이나 기부를
종으로 절단하면 암자색의 반점이 있
다. 맛과 향기는 부드럽다. 포자문은 백
색이고, 포자는 구형이다.

발생 시기 및 장소 여름과 가을에 서어
나무·너도밤나무류, 특히 서어나무의
고목에 무리지어 발생한다.

감별해야 할 식용버섯 달화경버섯은 외
관상 느타리, 표고, 참부채버섯과 비슷
하나, 밤이나 빛이 없는 어두운 곳에서
청백색의 인광이 나고, 대의 기부를 자
르면 자흑색의 반점이 있다는 점이 특
징이다.

식용 가능 여부 독버섯

분포 한국, 일본, 러시아 극동지방,
중국

ㄴ 밤에 나타나는 인광

ㄴ 대기부에 있는 검은색 반점(느타리와 차이점)

ㄴ 죽은 나무에 무리지어 발생하는 자실체

독우산광대버섯

Amanita virosa (Fr.) Bertill.

분류 담자균문 Basidiomycota | **주름버섯강** Agaricomycetes | 주름버섯목 Agaricales |
광대버섯과 Amanitaceae | 광대버섯속 Amanita

형태적 특징 독우산광대버섯의 자실체는 초기에 백색의 작은 달걀 모양이나 정단 부위가 갈라져 갓과 대가 나타나고 전체가 백색이다. 갓은 5.6~14.5㎝로 초기에는 원추형 또는 종형이나 성장하면 반반구형, 편평형 또는 중앙볼록편평형으로 된다. 표면은 평활하고, 습할 때는 약간 점성이 있으며, 백색이나 중앙 부위는 종종 분홍색을 띤다. 조직은 얇고 육질형이며 백색이다. 생조직은 KOH(수산화칼륨) 용액에서 황색으로 변한다. 주름살은 떨어진주름살이며, 빽빽하고 백색이며, 주름살날은 분질상이다. 대는 8.5~21㎝로 원통형이고, 기부는 구근상이다. 표면은 백색이고, 턱받이 아래쪽은 손거스러미 모양의 섬유상 인피가 있다. 턱받이와 대주머니는 백색이고 막질이다. 포자문은 백색이고, 포자는 구형 또는 유구형이며 아밀로이드이다.

발생 시기 및 장소 전국적으로 분포하며 여름과 가을에 잡목림 내 지상(특히 떡갈나무, 벚나무 부근)에서 홀로 혹은 무리지어 발생한다.

감별해야 할 식용버섯 큰갓버섯, 유균 상태의 말불버섯, 흰달걀버섯 등 다른 식용버섯과의 감별이 매우 중요하다.

↳ 어린 자실체

↳ 백색의 주름살과 턱받이

↳ KOH 용액에 갓 표면이 노랗게 변색

전체 모양 ♪

소수 무리지어 발생한 자실체 ♪

성장한 자실체는 외부 형태가 주름버섯속의 식용버섯과 비슷하고 어린 달걀 모양 시기 (egg stage)에는 식용버섯인 말불버섯류와 유사하므로 특히 주의해야 한다. 큰갓버섯은 대 위에 위아래로 움직일 수 있는 턱받이(일명, 띠)가 있고, 대의 기부에 막질의 대주머 니가 없다는 점이 다르다. 독우산광대버섯은 대 표면에 손거스러미 모양의 인편이 있 으며, KOH 용액을 떨어뜨리면 노란색으로 변한다는 점이 특징이다.

식용 가능 여부 독버섯(맹독성)이다. 독우산광대버섯은 '죽음의 천사(destroying angel)' 라고도 부르며, 우리나라에서 발생하는 광대버섯 중에서 독성이 가장 강한 맹독성 버 섯이다. 버섯 1~3개(50g)가 치명적인 용량의 아마톡신을 함유하고 있다.

분포 북반구 일대, 오스트리아

성숙한 자실체 ♪

노화된 버섯 ♪

ㄴ 독우산광대버섯(좌)과 개나리광대버섯(우)의 주름살 및 갓 크기 비교

ㄴ 왼쪽부터 1. 비탈광대버섯(독) 2 · 3. 독우산광대버섯(맹독) 4 · 5. 주름버섯(식용)

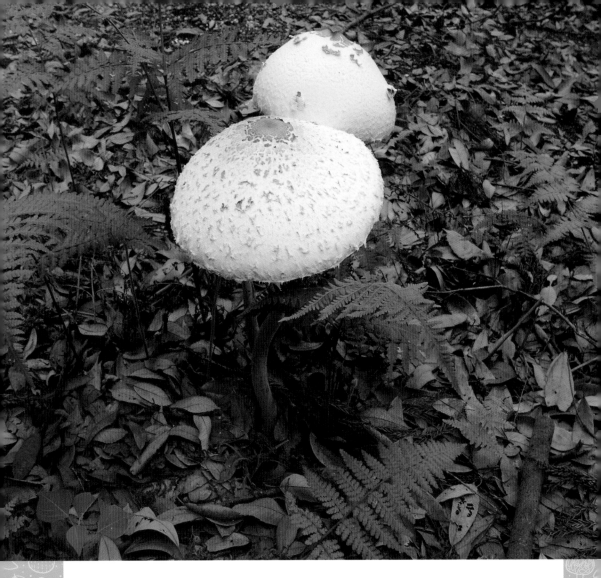

독흰갈대버섯

Chlorophyllum neomastoideum (Hongo) Vellinga

 분류 담자균문 Basidiomycota | **주름버섯강** Agaricomycetes | 주름버섯목 Agaricales |
주름버섯과 Agaricaceae | 갈대버섯속 Chlorophyllum

🎨형태적 특징 독흰갈대버섯의 갓은 크기가 7.2~21㎝이고, 구형 또는 반구형이나 성장하면 반반구형 또는 중앙볼록편평형으로 된다. 표면은 건성이고 백색이며 섬유질상이다. 중앙 부위에 담황갈색의 대형의 막질이 꽃잎 모양으로 갈라져 있고, 작은 인편이 소수 산재해 있다. 조직의 중앙 부위는 약간 두꺼우며 육질형이고, 백색이나 상처를 입으면 적색으로 변한다. 대 육질과 갓의 육질 사이에 분명한 경계가 없다. 주름살은 떨어진주름살이고 빽빽하며 백색이다. 주름살날은 분질상이다. 대의 길이는 11~16㎝로 원통형이고, 기부는 팽대하여 구근상(3㎝)이다. 표면은 건성이고, 초기에는 유백색이나 점차 갈색으로 변한다. 평활하거나 다소 종으로 섬유질이 있다. 대의 속은 비어 있다. 턱받이는 반지형이며 가동성이다. 포자문은 백색이고, 포자는 난형 또는 타원형이며 아주 작은 발아공이 있다.

🍄발생 시기 및 장소 가을에 밤나무 조림지나 목장 혹은 혼합림의 지상에서 발견된다.

🍄감별해야 할 식용버섯 큰갓버섯과 구별이 필요하다. 식용버섯으로 유명한 큰갓버섯(*M. procera*)과 유사하지만, 큰갓버섯은 갓의 중앙 부위에 코스모스 형태의 담황갈색 대형 막질의 인피가 없다. 또한 큰갓버섯의 조직은 상처를 입어도 색이 변하지 않는다는 점에서 쉽게 구별된다.

🍄식용 가능 여부 독버섯

🍄분포 한국, 일본

요술지팡이처럼 보이는 어린 버섯

갓이 갈라지기 전의 자실체 ↗

코스모스처럼 갈라진 모양 ↗

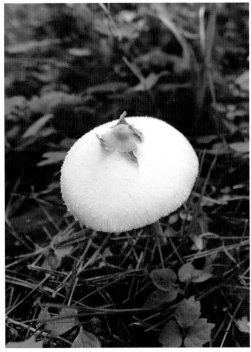

중앙 부위에 꽃잎 모양의 막질인피와 털 모양의 인편으로 ↗
형성된 갓(촬영 : 푸른별영상)

원통형이고 상하 굵기가 비슷한 대 ↗

백색 갓 위에 펼쳐진 작은 인편

팽대한 구근상의 기부

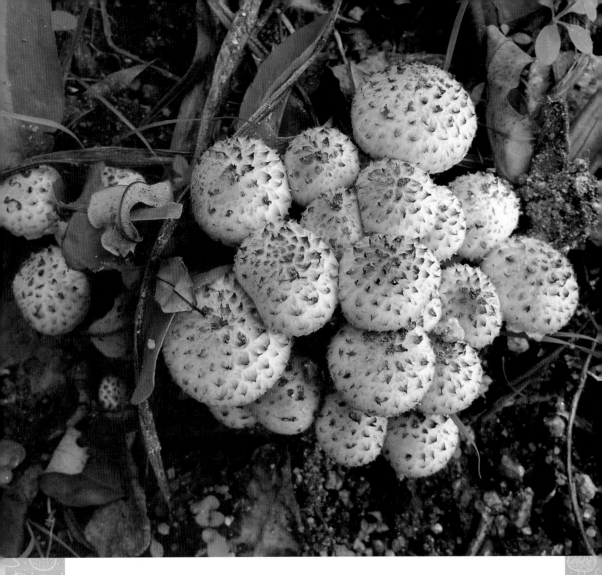

땅비늘버섯

Pholiota terrestris Overh.

🍄 **분류** 담자균문 Basidiomycota | **주름버섯강** Agaricomycetes | 주름버섯목 Agaricales | 포도버섯과 Strophariaceae | 비늘버섯속 Pholiota

형태적 특징 땅비늘버섯의 갓은 지름이 3~6㎝ 정도로 원추형에서 가운데가 볼록한 둥근 산 모양을 띠고 성장하면서 편평한 모양으로 된다. 갓 표면은 연한 황색 또는 연한 갈색이고, 섬유상 진한 갈색의 인편이 많이 있으며, 갓 끝에는 내피막 일부가 붙어 있다. 조직은 연한 황색이고, 주름살은 완전붙은주름살형이며, 포자가 형성되면 갈색으로 변한다. 주름살에는 미세구조인 노란 시스티디아가 있다. 대의 길이는 3~7㎝ 정도이며, 위쪽은 백색이고, 아래쪽은 연한 황색 또는 연한 갈색이며, 섬유상 인편과 솜털 모양의 내피막 흔적이 있다. 포자문은 진한 갈색이며, 포자 모양은 타원형이다.

발생 시기 및 장소 봄부터 가을까지 산길, 잔디밭 등에 뭉쳐서 발생하며, 유기물이나 산림부산물을 분해하는 부후성 버섯이다.

식용 가능 여부 독버섯

분포 한국, 일본, 북아메리카

참고 설사, 구토 등의 증상으로 중독된 예가 있으므로 주의해야 된다.

성장하여 갓이 편평하게 펼쳐진 모양

황갈색의 포자문

갓 표면에 있는 잘 발달된 인피

턱받이 흔적이 있는 대 상부 ♪

건조한 자실체 ♪

인편의 끝이 검정색으로 변한 성장한 갓과 대 ♪

ㄴ 중앙 부위가 볼록한 자실체의 갓

ㄴ 갓 하면의 주름살 모양

마귀곰보버섯

Gyromitra esculenta (Pers.) Fr.

 분류 자낭균문 Ascomycota | **주발버섯강** Pezizomycetes | 주발버섯목 Pezizales |
원반버섯과 Discinaceae | 마귀곰보버섯속 Gyromitra

형태적 특징 마귀곰보버섯의 자실체는 4.5~12cm로, 갓은 불규칙한 뇌상 유구형이다. 표면은 평활하고 황갈색, 적갈색 또는 흑갈색이다. 대는 길이가 1.1~4cm로 짧고 뭉툭하며 현저한 홈선 또는 챔버형이다. 표면은 백색이고 미세한 비듬상이며, 속은 비어 있다. 갓과 대는 불규칙하게 부착되어 있다. 조직은 잘 부서지며 맛과 향은 특별하지 않다. 포자는 타원형이고 평활하며, 포자 내부에 2개의 기름방울이 있다.

발생 시기 및 장소 4월과 5월 초에 침엽수 그루터기 주위, 톱밥 또는 나무 부스러기 주위에서 흩어져서 또는 무리지어 발생한다. 국내에서는 매우 희귀한 종으로서 강원도에서 처음 발견되었다.

감별해야 할 식용버섯 곰보버섯과 유사하므로 감별이 필요하다.

식용 가능 여부 독버섯

분포 한국, 유럽, 북아메리카

＼ 뇌상으로 된 갓

불규칙한 뇌상 유구형인 갓 ⏎

불규칙하게 부착되어 있는 갓과 대 ⏎

현저한 홈선을 보이는 대 ⏎

∖ 싱싱한 버섯(좌)과 오래되어 검게 변한 버섯(우)

∖ 대를 절단한 모양

마귀광대버섯

Amanita pantherina (DC.) Krombh.

 분류 담자균문 Basidiomycota | **주름버섯강** Agaricomycetes | 주름버섯목 Agaricales |
광대버섯과 Amanitaceae | 광대버섯속 Amanita

└ 대주머니는 구근상이다.

형태적 특징 마귀광대버섯의 갓은 지름이 3~25㎝ 정도이며, 초기에는 구형이나 성장하면서 편평형이 되고, 후에 오목편평형이 된다. 갓 표면은 회갈색 또는 갈색이며, 사마귀 모양의 백색 외피막 파편이 산재하고, 습하면 점성이 있으며, 갓 둘레에는 종종 방사상의 홈선이 있다. 주름살은 떨어진주름살형이며, 다소 빽빽하고 백색이며, 주름살 끝은 약간 톱날형이다. 대의 길이는 5~20㎝ 정도이며, 백색이며, 위쪽에 턱받이가 있고, 턱받이 밑에는 섬유상의 인편이 있다. 기부는 팽대하여 구근상을 이루고 바로 위에는 외피막의 일부가 2~4개의 불안전한 띠를 이룬다. 포자문은 백색이며, 포자 모양은 긴타원형이다.

└ 갓에는 방사상 홈선이 나타난다.

발생 시기 및 장소 여름부터 가을까지 활엽수림, 침엽수림 내 지상에 홀로 나거나 또는 흩어져 발생하며, 외생균근성 버섯이다.

식용 가능 여부 독버섯

분포 한국, 북반구 온대 이북, 아프리카

참고 이보테닉산-무시몰 독성이 있는 버섯으로, 식용버섯인 붉은점박이광대버섯과 유사하므로 주의해야 한다.

└ 갓 표면에 백색 외피막의 흔적이 있는 자실체

오목편평의 갓 ↗

촘촘한 백색의 주름살 ↗

성장하면서 외피막 흔적이 소실되고 편평형이 된 갓 ↗

상부로 갈수록 가늘어지는 대 ↗

↳ 외피막의 흔적이 백색 인편으로 펼쳐진 자실체

↳ 성장 후에는 턱받이가 대의 중심부에 위치하고 쉽게 떨어진다.

맑은애주름버섯

Mycena pura (Pers.) P. Kumm.

 분류   담자균문 Basidiomycota | **주름버섯강** Agaricomycetes | 주름버섯목 Agaricales |
애주름버섯과 Mycenaceae | 애주름버섯속 Mycena

🌙 조직을 비벼서 냄새를 맡으면 생감자 냄새가 난다.

🍄 **형태적 특징** 맑은애주름버섯의 갓은 지름이 2~5㎝ 정도로 처음에는 종형에서 반구형이나 성장하면서 편평형으로 되며, 종종 중앙이 볼록하기도 하다. 갓 표면은 건성이나, 습하면 다소 점성이 있고, 반투명의 선이 방사상으로 나타나며, 홍자색, 분홍보라색, 연한 보라색, 백색 등 다양한 색의 변화가 있다. 주름살은 끝붙은주름살형이며, 약간 빽빽하고, 회백색 또는 연한 자색이다. 대의 길이는 3~8㎝ 정도이며, 속은 비어 있고, 표면은 평활하고 갓의 색과 같다. 대 기부에는 균사가 밀포되어 있다. 생감자 냄새가 난다. 포자문은 백색이며, 포자 모양은 긴 타원형이다.

🍄 **발생 시기 및 장소** 봄부터 가을까지 활엽수림 또는 침엽수림 내 낙엽 위에 홀로 또는 무리지어 발생한다.

🍄 **식용 가능 여부** 독버섯

🍄 **분포** 한국, 전 세계

🍄 **참고** 생감자 냄새가 나고, 독 성분인 무스카린을 함유하므로 주의해야 한다.

🌙 갓 표면의 방사상 홈선

🌙 회백색 또는 연자색을 띠는 주름살

무당버섯

Russula emetica (Schaeff.) Pers.

 분류　담자균문 Basidiomycota | **주름버섯강** Agaricomycetes | 무당버섯목 Russulales | 무당버섯과 Russulaceae | 무당버섯속 Russula

형태적 특징 무당버섯의 갓은 지름이 3~10㎝ 정도로 어릴 때는 반구형이나 성장하면서 편평해지며, 포자를 퍼뜨릴 시기가 되면 갓의 끝 부위가 위로 올라간다. 갓 표면은 매끄럽고 선홍색이며, 습하면 점성이 있다. 가장자리에 줄무늬 선이 나타나고, 붉은색의 표피는 조직과 쉽게 분리된다. 조직은 백색이고, 부서지기 쉬우며, 아주 매운맛이 있다. 주름살은 떨어진주름살형 또는 끝붙은주름살형이며, 약간 빽빽하고, 처음에는 백색이나 성장하면서 연한 황색이 된다. 대의 길이는 2~10㎝ 정도이며, 백색이고, 세로의 줄무늬 선이 있다. 대의 속은 푸석푸석하고 부서지기 쉽다. 포자문은 백색이며, 포자 모양은 유구형이다.

발생 시기 및 장소 여름에서 가을까지 혼합림 내 땅 위에 홀로 나거나 흩어져 발생하는 외생균근성 버섯이다.

식용 가능 여부 독버섯이다. 매운 맛이 있어 식용이 불가능한 버섯이다.

분포 한국, 유럽, 북아메리카, 북반구 온대 이북, 오스트레일리아

참고 북한명은 붉은갓버섯이다. 무당버섯 중에 가장 흔한 버섯이다.

습할 때 갓 끝 부위에 반투명선이 보이는 자실체

조직은 백색이고 쉽게 부서진다.

붉은색의 표피 ♪

습하면 점성이 있다. ♪

주름살은 백색을 띠다가 연한 황색으로 변한다. ♪

ㄴ 갓이 선홍색을 띠고 습하면 점성이 있다.

ㄴ 매운맛이 있다.

미치광이버섯

Gymnopilus liquiritiae (Pers.) P. Karst.

 분류   담자균문 Basidiomycota | **주름버섯강** Agaricomycetes | 주름버섯목 Agaricales |
턱받이버섯과 Hymenogastraceae | 미치광이버섯속 Gymnopilus

└ 어린 자실체

└ 갓 끝은 건조하면 자색을 띤다.

형태적 특징　미치광이버섯의 갓은 지름이 1~4㎝ 정도이며, 처음에는 종형이나 성장하면서 반구형을 거쳐 편평형이 된다. 갓 표면은 매끄럽고 황갈색 또는 연한 갈색이며, 성숙하면 갓 가장자리에 선이 나타난다. 주름살은 완전붙은주름살형이며 빽빽하고, 처음에는 황색이나 성장하면서 황갈색이 된다. 대의 길이는 2~5㎝ 정도이며 위아래 굵기가 비슷하고, 표면은 섬유상이다. 대 위쪽은 황갈색이고, 아래쪽으로 갈수록 갈색이 된다. 대의 속은 비어 있다. 포자문은 황갈색이며, 포자 모양은 아몬드형이다.

발생 시기 및 장소　늦은 봄부터 가을까지 침엽수의 고사목이나 그루터기에 무리지어 발생하며 목재부후성 버섯이다.

식용 가능 여부　독버섯

분포　한국, 북반구 온대 이북

└ 어린 자실체의 갓 모양은 종형이다.

└ 건변색 현상이 있다.

종형을 보이는 어린 자실체의 갓 ♪

갓 표면이 매끄럽고 황갈색을 띠는 자실체 ♪

성숙하면 갓 가장자리에 나타나는 선 ♪

위아래 굵기가 비슷하고 표면은 섬유상인 대 ♪

ℂ 무리지어 발생하는 자실체

ℂ 빽빽한 주름살을 가진 자실체

ℂ 주름살은 노란색이다가 포자가 성숙하면 황갈색으로 변한다.

뱀껍질광대버섯

Amanita spissacea S. Imai

 분류 　담자균문 Basidiomycota | **주름버섯강** Agaricomycetes | 주름버섯목 Agaricales |
광대버섯과 Amanitaceae | 광대버섯속 Amanita

🎨**형태적 특징** 뱀껍질광대버섯의 갓은 4~12.5㎝로 초기에는 반구형 또는 반반구형이나 성장하면 편평형 또는 중앙오목편평형으로 된다. 표면은 건성이고 갈회색·암회갈색 또는 암갈색 바탕에 암갈색이나 흑갈색의 크고 작은 각추상 또는 사마귀상 분질돌기가 동심원상으로 산재되어 있다. 종종 갓 끝에 내피막 잔유물이 부착되어 있다. 조직은 두껍고 백색이며 육질형이다. 주름살은 떨어진주름살이며 약간 빽빽하고, 주름살날은 약간 분질상이다. 대의 길이는 5.5~16.5㎝로 원통형이고, 기부는 구근상(1.6~3.3㎝)이다. 표면은 백색이고, 턱받이 아래쪽은 회색 또는 회갈색의 섬유상의 인편이 있으며, 구근상 바로 위에 2~5개의 불완전한 흑갈색의 분질상 띠가 있다. 턱받이는 막질형이며 윗면에 방사상의 가는 홈선이 있고, 턱받이 가장자리는 흑갈색의 분질이 있다. 포자문은 백색이고, 포자 모양은 넓은 타원형 또는 유구형이며 아밀로이드이다.

🎨**발생 시기 및 장소** 여름과 가을에 주로 침엽수림, 활엽수림 또는 혼합림의 지상에서 소수 무리지어 발생한다.

🎨**식용 가능 여부** 독버섯

🎨**분포** 한국, 일본, 중국

갓 표면의 각추상 분질돌기

시들은 자실체로 검게 변색

중앙오목편평형인 성장한 갓 ♪

백색의 다소 촘촘한 주름살 ♪

ㄴ 성장한 자실체

ㄴ 노화된 자실체

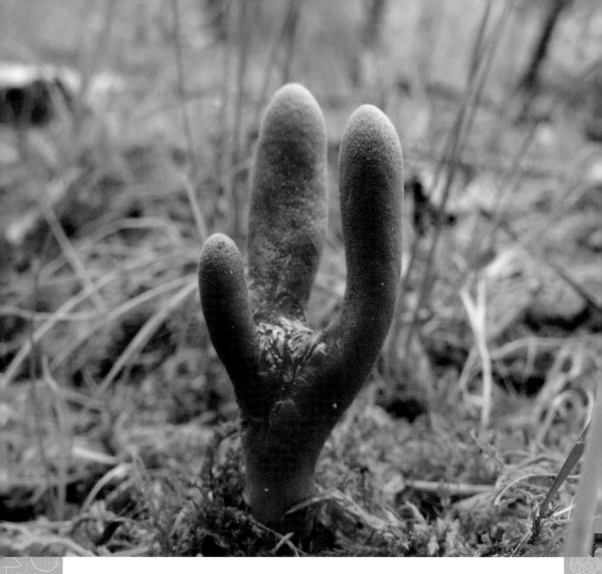

붉은사슴뿔버섯

Podostroma cornu-damae (Pat.) Boedijin

 분류 자낭균문 Ascomycota | **동충하초강** Sordariomycetes | 동충하초목 Hypocreales | 점버섯과 Hypocreaceae | 사슴뿔버섯속 Podostroma

형태적 특징 붉은사슴뿔버섯의 자실체는 원통형이며, 종종 손가락 또는 뿔 모양의 분지를 형성하며, 정단부는 둥글거나 뾰족하다. 높이는 3.4~8.5㎝, 폭은 0.5~1.5㎝이다. 표면은 평활하며 다소 분질상이고 적등황색 또는 등황적색을 띤다. 조직은 백색이며 냄새는 불분명하고, 맛은 부드럽다. 자낭각은 완전매몰형이고, 자낭포자는 구형이고 불완전한 망목(높이 1~1.5㎛)이 있으며 갈색이다.

발생 시기 및 장소 주로 여름과 가을에 활엽수 또는 침엽수의 그루터기 위 또는 그루터기 주위에 발생하며, 국내에서는 비교적 드물게 발생한다.

감별해야 할 식용버섯 불로초(영지)의 갓이 형성되기 전인 어린 버섯과 유사하여 조심해야 된다. 마르면 영지와 같은 갈색으로 변한다. 소량으로 사망에 이르게 하는 독 성분(트리코테센)을 함유하고 있어 주의를 요한다.

식용 가능 여부 독버섯

분포 한국, 일본

ㄴ 붉은색의 자실체

ㄴ 백색의 조직

ㄴ 자실체의 표면은 평활

어린 자실체 ↗

적등황색 또는 적색을 띰 ↗

↖ 소나무 그루터기에 발생하는 뿔 모양의 자실체

↖ 사슴뿔 모양의 자실체

붉은싸리버섯

Ramaria formosa (Pers.) Quél.

분류 담자균문 Basidiomycota | **주름버섯강** Agaricomycetes | 나팔버섯목 Gomphales | 나팔버섯과 Gomphaceae | 싸리버섯속 Ramaria

형태적 특징 붉은싸리버섯의 자실체는 중대형이며, 높이 7.5~15(20)㎝, 폭은 5.5~14.5(20)㎝로 산호형이다. 초기에는 짧고 뭉툭한 자루 모양이며, 상단부에서 2~6개의 분지가 나타나고 위쪽으로 4~6회 분지가 형성된다. 상부 쪽의 분지는 점점 가늘고 짧다. 분지는 2분지 또는 다분지형이며, 분지의 모양은 포크·U자형이고, 분지 끝은 뾰족하거나 뭉툭하다. 대의 지하부는 백색 또는 옅은 갈백색을 띠고, 지상부는 맑은 적색 또는 분홍색이고 분지 끝은 맑은 황색을 띠나, 성숙하면 다소 붉은색으로 퇴색되어 회등황색을 띤다. 조직은 백색이고 상처를 입으면 적갈색으로 변한다. 육질형 또는 육질상 섬유질형이며, 분필처럼 잘 부서진다. 신맛이 있다. 포자문은 암황색 또는 황색이며, 포자는 긴 타원형이고, 표면에 크고 불규칙한 돌기(사마귀상)가 있으며, cotton blue 용액에 염색된다.

발생 시기 및 장소 늦은 여름과 가을에 활엽수림의 지상에 무리지어 발생하며 흔히 발견된다.

감별해야 할 식용버섯 싸리버섯과 구별이 필요하다.

식용 가능 여부 준독성이다.

분포 전 세계

U자형 또는 포크형의 분지를 가진 자실체

백색이고 상처를 입으면 적갈색을 보이는 조직

초기에는 짧고 뭉툭한 자루 모양을 보이는 자실체

산호 모양의 자실체 ↗

분지 끝은 성숙하면 붉은색을 띤다. ↗

ㅂ

ꕥ 성숙하면 붉은색이 퇴색되어 회등황색을 띤다.

ꕥ 무리지어 발생하는 자실체

독버섯 **393**

비탈광대버섯

Amanita abrupta Peck

 분류 담자균문 Basidiomycota | **주름버섯강** Agaricomycetes | 주름버섯목 Agaricales | 광대버섯과 Amanitaceae | 광대버섯속 Amanita

형태적 특징 비탈광대버섯의 갓은 3.5~7.5㎝로 반구형 또는 유구형이나 성장하면 반반구형, 편평상 반반구형 또는 편평형으로 된다. 초기에는 갓 끝에 백색의 내피막 잔유물이 부착되어 있다. 표면은 건성이고 백색 또는 유백색이나 종종 옅은 갈색으로 퇴색되며, 평활하고 방사상의 선은 없으며, 사마귀상이나 피라미드상의 돌기가 부착되어 있으나 쉽게 떨어져 나간다. 조직은 두껍고 육질형이며, 백색이다. 주름살은 떨어진주름살이고 빽빽하며, 주름살날은 분질상이다. 대의 길이는 7.2~13.6㎝로 원통상이고, 기부는 양파 모양의 구근상이다. 표면은 손거스러미상 인피가 있으며, 대 기부의 구근상 위에 일반적으로 갓과 같은 사마귀점 돌기가 산재해 있다. 턱받이는 백색이고 막질이며, 윗면에 방사상의 홈선이 있고, 영존성이다. 포자문은 백색이고, 포자는 구형 또는 유구형이고, 아밀로이드이다.

발생 시기 및 장소 여름과 가을에 참나무류, 침엽수림 또는 혼합림 내 지상에 홀로 또는 흩어져 발생하는 외생균근균이며, 발생 빈도가 낮다.

식용 가능 여부 독버섯(맹독성). 버섯 1~3개(50g)가 치명적인 용량의 아마톡신(amatoxin)을 함유한다. 열에도 매우 안정하여 끓여도 독 성분이 사라지지 않는다.

분포 한국, 일본, 북아메리카

↳ 원통형의 대   ↳ 어린 턱받이

전체 형태 ↗

갓 표면의 사마귀점 ↗

사마귀점이 떨어진 갓 ↗

양파 모양의 대주머니 ↗

주름살 및 떨어진 턱받이 ↗

노화된 상태 ↗

↳ 내피막 흔적이 남아 있는 자실층의 모습

↳ 대주머니를 포함한 자실체 전체의 모양

삿갓외대버섯

Entoloma rhodopolium (Fr.) P. Kumm.

 분류 담자균문 Basidiomycota | **주름버섯강** Agaricomycetes | 주름버섯목 Agaricales | 외대버섯과 Entolomataceae | 외대버섯속 Entoloma

＼ 조직은 백색이고 주름살은 백색에서 포자가 형성되면 분홍색으로 변한다.

형태적 특징　삿갓외대버섯의 갓은 지름이 3~8㎝ 정도로 처음에는 종형이나 성장하면서 볼록편평형이 된다. 갓 표면은 매끄럽고, 습하면 회색 또는 회황토색을 띠고 반투명선이 나타난다. 건조하면 연한 색으로 퇴색되고, 비단상의 광택이 난다. 조직은 백색이며 얇다. 주름살은 완전붙은주름살형이나 성장하면서 끝붙은주름살형이 되고, 약간 빽빽하며, 처음에는 백색이나 점차 연한 분홍색이 된다. 대의 길이는 5~10㎝ 정도이며, 원통형이고, 위아래 굵기가 비슷하거나 위쪽이 가늘다. 대의 속은 비어 있으며, 표면은 백색이다. 포자문은 연한 분홍색이며, 포자 모양은 다면체이다.

발생 시기 및 장소　여름부터 가을까지 활엽수림 내 땅 위에 홀로 또는 흩어져 발생한다.

식용 가능 여부　독버섯

분포　한국, 일본, 북아메리카, 북반구 일대

참고　식용버섯인 외대덧버섯, 느타리와 형태적으로 유사하므로 주의하여야 한다.

대는 비어 있고 구부러져 있다. ♪

분홍색을 띤 주름살 ♪

ㄴ 비단상 광택이 있는 갓

ㄴ 분홍색을 띤 주름살

소나무능이

Sarcodon scabrosus (Fr.) P. Karst.

 분류   담자균문 Basidiomycota | **주름버섯강** Agaricomycetes | 사마귀버섯목 Thelephorales |
노루털버섯과 Bankeraceae | 능이속 Sarcodon

형태적 특징 소나무능이의 갓은 지름이 5~10㎝ 정도이며, 평반구형 또는 깔때기형이다. 갓 표면은 연한 갈색이고, 인편상 털이 빽빽이 퍼져 있다. 자실층은 길이가 0.7㎝ 가량의 침이 돋아나 있으며, 회갈색이다. 조직은 황색 또는 흑색이다. 대의 길이는 3~4㎝ 정도로 아래쪽으로 차츰 가늘어지고, 표면은 회색 또는 연한 갈색이다. 포자문은 연한 갈색이며, 포자 모양은 유구형이다.

발생 시기 및 장소 여름과 가을에 침엽수림 내 땅 위에 무리지어 나거나 홀로 발생한다.

식용 가능 여부 독버섯

분포 한국, 북반구 일대

ㄴ 자실층은 침형이며 쓴맛이 난다.

암회색광대버섯아재비

Amanita pseudoporphyria Hongo

 분류 담자균문 Basidiomycota | **주름버섯강** Agaricomycetes | 주름버섯목 Agaricales |
광대버섯과 Amanitaceae | 광대버섯속 Amanita

형태적 특징 암회색광대버섯아재비의 갓은 지름이 3~11㎝ 정도로 처음에는 반구형이나 성장하면서 편평형이 된다. 갓 표면은 회색 또는 갈회색이며, 중앙부는 짙은 회색이고, 방사상의 섬유상 줄무늬가 있으며, 조직은 백색이다. 주름살은 떨어진주름살형이고, 빽빽하며, 백색이다. 대의 길이는 5~12㎝ 정도이며, 기부는 부풀어 뿌리 모양이며, 표면은 백색이고, 인편이 있다. 대 위쪽에는 백색 막질의 턱받이가 있으나 조기 탈락성이다. 대주머니는 회백색의 막질형이며 매우 크다. 포자문은 백색이고, 포자 모양은 타원형이다.

발생 시기 및 장소 여름부터 가을까지 활엽수림, 침엽수림 내 땅 위에 홀로 또는 무리지어 발생한다.

식용 가능 여부 독버섯

분포 한국, 일본, 중국, 북아메리카, 오스트레일리아

↳ 대형의 대주머니를 가지고 있다.

↳ 갓에 방사상의 줄무늬가 있는 자실체

↳ 주름살이 백색이다.

어린 자실체 ♪

주름살은 떨어진주름살형이다. ♪

분질물로 된 내피막의 흔적이 있는 주름살 ♪

내피막 ♪

다른 종에 비해 유난히 큰 막질의 대주머니 ♪

대주머니 ♪

ㄴ 성숙하면 편평하게 펴지는 갓

ㄴ 줄지어 발생한 자실체

ㄴ 반구형인 어린 자실체

ㄴ 쉽게 소실되는 갓 표면에 존재하는 백색의 외피막

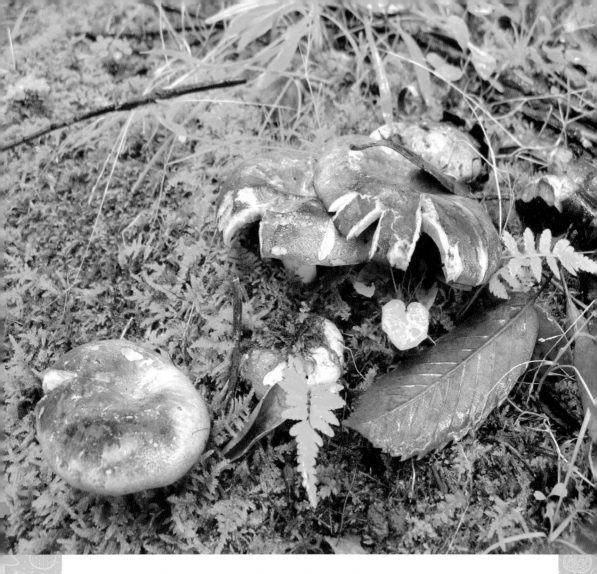

애기무당버섯

Russula densifolia Secr. ex Gillet

 분류　담자균문 Basidiomycota | **주름버섯강** Agaricomycetes | 무당버섯목 Russulales |
무당버섯과 Russulaceae | 무당버섯속 Russula

형태적 특징 애기무당버섯의 갓은 4.7~11.5cm이며 반구형이고 끝은 안쪽으로 굽어 있으며, 성숙하면 끝 부위가 위로 펴지며 중앙오목편평형 또는 깔때기형으로 된다. 표면은 건성이고 초기에 유백색이나 성장하면 회갈색 또는 흑갈색을 띠고, 습할 때 점성이 있으며 평활하다. 조직은 약간 두껍고 백색이나 상처를 입으면 적색으로 변하며, 시간이 경과하면 서서히 회색 또는 흑색으로 된다. 주름살은 얇고 붙은주름살 또는 내린주름살이고 빽빽하며 상처를 입으면 붉은색으로 변하고 서서히 회색이나 흑색으로 변한다(급격히 검은색으로 변하지 않는다). 대의 길이는 3.2~6.4cm로 원통형이고, 상하 굵기가 비슷하다. 포자문은 백색이고, 포자는 유구형 또는 구상 난형이며, 표면에는 미세한 가시돌기와 가는 망목이 있다.

발생 시기 및 장소 여름과 가을에 침엽수림과 활엽수림의 지상에서 소수 무리지어 발생한다.

식용 가능 여부 독버섯(맹독성)

분포 북반구 일대

ㄴ 안쪽으로 굽은 갓

ㄴ 짧은 대

ㄴ 깔때기형의 갓

약간 두껍고 평활한 갓 표면 ♪

성숙하면 끝부위가 갈라지는 자실체 ♪

주름살은 내린주름살이다. ♪

성숙한 자실체 ♪

주름살이 빽빽하다. ♪

대부분 짧은 대를 가짐 ♪

갓은 상처를 입으면 적색으로 다시 변하고 다시 검은색으로 변한다.

소수 무리지어 발생하는 자실체

어리알버섯

Scleroderma verrucosum (Bull.) Pers.

 분류　담자균문 Basidiomycota | **주름버섯강** Agaricomycetes | 그물버섯목 Boletales |
어리알버섯과 Sclerodermataceae | 어리알버섯속 Scleroderma

어릴 때 자실체를 자르면 남색을 띤다.　　　　　　　　　　　　　표면은 불규칙하게 갈라진다.

🍄 **형태적 특징**　어리알버섯의 자실체는 지름이 2~8㎝ 정도, 높이는 2~7㎝ 정도로 높이보다 너비가 큰 것이 많으며, 유구형이다. 표면은 황갈색이고, 진한 색의 작은 인편이 점을 이루고 있다. 표면은 성숙하면 불규칙하게 갈라지고 흑갈색으로 된다. 공 모양의 기본체 아래쪽으로 짧은 대가 있고, 기부에는 백색의 균사속이 있다. 외피막 속에 기본체가 있으며, 기본체를 자르면 어릴 때는 백색의 조직에 검은 반점이 나타나지만 성장하면 진한 올리브갈색을 띤다. 포자는 진한 갈색이며, 구형이다.

🍄 **발생 시기 및 장소**　여름부터 가을까지 산림 내 모래땅 위에 무리지어 발생한다.

🍄 **식용 가능 여부**　독버섯

🍄 **분포**　한국, 일본, 중국, 유럽, 북아메리카, 아프리카

🍄 **참고**　외생균근성 버섯으로 식용버섯인 말불버섯과 유사하나 말불버섯은 어릴 때 기본체를 자르면 조직의 색이 모두 백색이라는 점에서 본 종과 차이가 난다.

작은 인편이 점을 이루고 있다.　　　　포자는 진갈색으로 비나 바람의 힘을 이용해서 비산한다.

오징어새주둥이버섯

Lysurus arachnoideus (E. Fisch.) Trierv.-Per. & Hosaka

 분류 담자균문 Basidiomycota | **주름버섯강** Agaricomycetes | 말뚝버섯목 Phallales |
말뚝버섯과 Phallaceae | 새주둥이버섯속 Lysurus

형태적 특징 오징어새주둥이버섯의 자실체는 초기에 지중생 또는 지상생이며 백색의 구형, 유구형, 난형(지름 1~1.6㎝)이고, 유백색 또는 분홍색을 띤 담황토색의 막질의 외피막(exoperidium)으로 싸여 있고, 기부에 백색 균사속이 있으며, 매트상의 두꺼운 균사괴를 형성한다. 성장하면 윗부분이 갈라지고 대가 나타나며, 상부에 자실탁은 직립상이다. 자실탁은 6~16개의 자실탁지로 되어 있으며, 계속 성장하면 방사상으로 수평으로 펼쳐진다. 대의 길이는 2.5~5.8㎝로 백색 원통형이고 1~2층의 포말상 소실로 되어 있는 위유조직이며, 속은 비어 있다. 자실탁지는 6~16개로 백색이고 끝은 가늘고 뾰족하고, 내부는 관상형의 소실이 단층으로 되어 있으며 횡으로 주름이 접혀 있고, 속은 비어 있다. 기본체는 자실탁지 기부 부위의 안쪽에 점액상이고 암록갈색으로 포자덩어리를 형성하며 고약한 냄새가 난다. 포자는 원통상 타원형이고 얇으며 무색이고 비아밀로이드이다.

발생 시기 및 장소 초여름부터 가을에 정원이나 목장의 부식질이 풍부한 곳 또는 목재 파편상에 무리지어 나거나 균륜을 이루며 발생하는 부후균이다.

식용 가능 여부 독버섯

분포 한국, 일본, 중국, 인도네시아, 말레이시아, 베트남, 뉴질랜드

↳ 방사상으로 펼쳐진 자실탁지

↳ 파리를 유인해서 포자를 날리는 모습

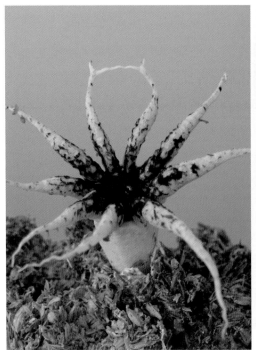

방사상으로 펼쳐지는 6~16개 정도의 자실탁지 ♪

알에 싸인 포자와 자실탁 ♪

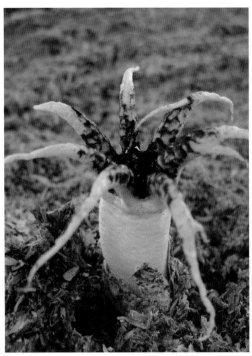

성장하면 방사상 수평으로 펼쳐지는 자실탁 ♪

무리지어 발생한 자실체 ♪

↳ 자실탁지를 벌리기 전의 자실체

↳ 냄새나는 점액과 함께 싸인 포자

원반버섯

Discina ancilis (Pers.) Sacc.

⌐ 파상형의 갓　　　　　　　　　　　　　　　　　　⌐ 주발 모양의 갓

🎨형태적 특징　원반버섯의 자낭반은 크기가 3.5∼15㎝로 초기에는 컵 모양이나 곧 편평하게 퍼지고, 종종 갓 끝 부위가 파상형으로 위로 반전되어 있다. 윗면의 자실층은 갈색 또는 적갈색을 띠며 요철상이고 종종 주름상이다. 불임성 부위인 아랫면은 유백색, 황토색 또는 담분홍색이고, 종종 분지나 간맥이 있다. 대는 길이가 0.5∼1.2㎝로 짧고 뭉툭하고 홈주름상이며, 연골질이고 속은 차 있다. 포자 모양은 타원형 또는 방추형이고 표면에 미세한 사마귀상 돌기가 있으며, 성장 후에 미세한 망목이 있고 양쪽 끝에 무색의 뾰족한 돌기(3∼6㎛)가 있으며, 2∼3개의 수포가 있다. 자낭은 크기가 300∼400×14.5∼20㎛로 멜저용액에서 비아밀로이드이며, 8개의 자낭포자가 있다.

🎨발생 시기 및 장소　봄에서 초여름까지 침엽수림 내의 부식질이 풍부한 지상 또는 고사목, 잘 썩거나 땅속에 매몰된 나무 위에 홀로 나거나 소수 무리지어 발생하는 부후균이다. 국내에서 드물게 발생한다.

🎨식용 가능 여부　독버섯

🎨분포　한국, 일본, 유럽, 북아메리카

🎨참고　오한, 위통, 구토, 설사, 타액분비 등 위장계 및 신경계 중독을 일으킨다.

연골질의 대 ↗

위로 반전된 갓 ↗

부후목에 발생한 자실체 ↗

↳ 송홧가루가 날릴 때 자실체가 발생하므로 유황색의 분질물이 묻어 있다.

자주색싸리버섯

Ramaria sanguinea Corner

 분류 담자균문 Basidiomycota | **주름버섯강** Agaricomycetes | 나팔버섯목 Gomphales |
나팔버섯과 Gomphaceae | 싸리버섯속 Ramaria

형태적 특징 자주색싸리버섯의 자실체는 6.5~12㎝ 산호형이며, 자실체의 기부는 뭉툭하고 폭은 1~4㎝이다. 그 위에 다수의 분지가 형성되고, 위쪽으로 반복하여 분지가 나타나며, 마지막 분지는 끝이 뭉툭하고 짧다. 분지 모양은 V자형이다. 표면은 평활하고, 대의 기부는 백색이나 상처를 입으면 자적색 또는 적자색으로 급변한다. 아래쪽 분지는 담황색 또는 황백색이나 위쪽의 분지는 유황색 또는 황색을 띠며, 분지 끝은 짙은 황색을 띤다. 조직은 부드럽고 육질형이며, 백색이나 상처를 입으면 자적색으로 변한다. 맛은 부드럽다. 포자문은 황색이며, 포자는 타원형이나 긴 타원형이며 미세한 사마귀상 돌기가 있고, 종종 인접한 돌기가 결합되어 있거나 불확실하지만 다소 사선이나 종으로 점선이 있다.

발생 시기 및 장소 늦여름과 가을에 활엽수림 또는 혼합림의 지상에서 무리지어 발생하지만 국내에서는 드물게 발견된다.

감별해야 할 식용버섯 싸리버섯과 구별해야 한다.

식용 가능 여부 준독성이다.

분포 한국, 북아메리카, 유럽

ㄴ 조직은 백색이나 상처를 입으면 자적색으로 변한다.

분지 끝이 짙은 황색을 띰

산호형의 자실체

ㅈ

절구무당버섯아재비

Russula subnigricans Hongo

 분류　담자균문 Basidiomycota | **주름버섯강** Agaricomycetes | 무당버섯목 Russulales | 무당버섯과 Russulaceae | 무당버섯속 Russula

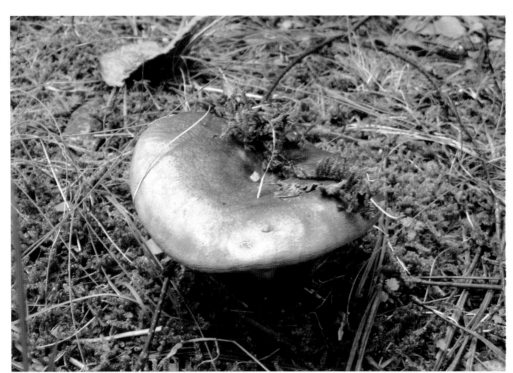

ㅈ

└ 건성이며 회갈색을 띠는 갓

🎨**형태적 특징** 절구무당버섯아재비의 갓은 4.7~11.5㎝로 반구형이고, 끝은 안쪽으로 굽어 있으며, 성숙하면 끝 부위가 위로 펴지며 중앙오목편평형 또는 깔때기형으로 된다. 표면은 건성이고 회갈색 또는 흑갈색을 띠며 갓보다 옅은 색을 띠고, 미세한 털이 밀포하여 있으나 점차 탈락하며 평활하다. 불확실하지만 종으로 선이 있다. 조직은 두껍고 견고하며, 백색이나 상처를 입으면 적색으로 변하나 시간이 경과하면 회색을 띤다. 주름살은 0.6~0.8㎝로 약간 두꺼우며 끝붙은주름살 또는 내린주름살이고, 성글며 짧은 주름살은 거의 없고, 상처를 입으면 붉은색으로 변하며, 서서히 회색을 띤다. 대의 길이는 3.2~6.4㎝로 원통형이고, 상하 굵기가 비슷하다.

포자문은 백색이고, 포자는 유구형 또는 구상 난형이며, 표면에는 미세한 가시돌기와 가는 망목이 있다. 멜저 용액에서 돌기와 망목은 흑청색을 띠는 아밀로이드이다.

🍄**발생 시기 및 장소** 여름과 가을에 활엽수림 내 지상에서 소수 무리지어 발생하며, 외생균근성 버섯이다.

폭이 넓은 주름살 ⌐

🍄 **감별해야 할 식용버섯** 절구무당버섯아재비는 갓의 모양이나 주름살이 넓으며 두껍다는 점에서 절구버섯[*R. nigricans* (Bull.) Fr.]과 매우 비슷하지만, 상처를 입으면 적색으로 변한 후 흑색으로 변하지 않는다는 점에서 쉽게 구별할 수 있다.

🍄 **식용 가능 여부** 독버섯(맹독성). 일본에서 2명이 중독으로 사망한 사례가 있으며, 매우 치명적이고 위험한 버섯이다. 버섯 1~3개(50g)가 치명적인 용량의 아마톡신을 함유하고 있다.

🍄 **분포** 한국, 일본, 중국

ㄴ 위아래 굵기가 비슷한 원통형의 대

ㄴ 대가 짧아서 자실체가 땅에 붙어 있는 상태

점박이어리알버섯

Scleroderma areolatum Ehrenb.

 분류 담자균문 Basidiomycota | **주름버섯강** Agaricomycetes | 그물버섯목 Boletales |
어리알버섯과 Sclerodermataceae | 어리알버섯속 Scleroderma

형태적 특징 점박이어리알버섯의 자실체는 반지중생으로 크기가 1.5~4㎝로 구형 또는 서양배형이며, 하부는 좁아져 대 모양을 형성하나 경계는 불분명하다. 표면은 얇은 단층의 외표피막(peridium)으로 싸여 있으며, 성숙하면 미세한 인편으로 갈라지고, 담갈색 또는 황갈색을 띠나 성숙하면 암갈색을 띤다. 포자가 성숙하면 상단부가 불규칙하게 갈라져 포자가 비산된 후에 술잔 모양의 기부만 남는다. 대는 높이가 0.7~1.8㎝이며, 기부에 백색의 뿌리 모양의 균사속(rhizomorps)이 잘 발달되어 있다. 기본체는 초기에는 백색을 띠며 견고하고, 점차 갈색, 자갈색, 갈흑색을 띠며 분질로 된다. 포자는 구형이고, 끝이 뾰족한 침상 돌기(1.5~2㎛)가 있으며, 갈색이다.

발생 시기 및 장소 늦여름과 가을에 활엽수림 또는 혼합림의 지면, 정원, 도로 주변 등에 무리지어 발생한다.

식용 가능 여부 독버섯

분포 전 세계

╲ 자실체 표면의 얼룩

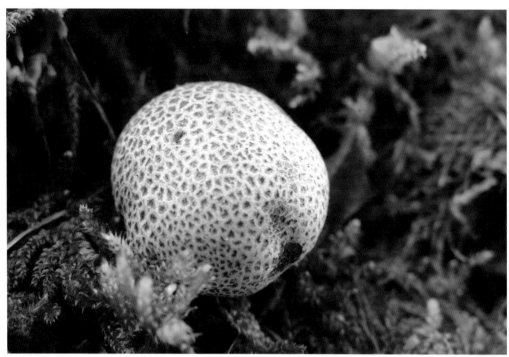

외표피막은 성숙하면 미세한 인편으로 갈라짐 ↗

기본체에 탁실균사는 없고 포자로 채워짐 ↗

ㄴ 어린 자실체를 자르면 볼 수 있는 암갈색의 포자층

젖버섯

Lactarius piperatus (L.) Pers.

🍄 **분류**   담자균문 Basidiomycota | **주름버섯강** Agaricomycetes | 무당버섯목 Russulales |
무당버섯과 Russulaceae | 젖버섯속 Lactarius

🍄**형태적 특징** 젖버섯의 갓은 지름이 4~18㎝ 정도로 깔때기 모양이다. 갓 표면은 매끄럽고 주름이 있으며, 중앙부는 황백색을 띠나 끝 부위는 백색이며, 황갈색의 얼룩이 생긴다. 갓 끝은 어릴 때는 굽은 형이고, 성장하면서 펴진다. 주름살은 내린주름살형으로 폭이 좁고 2개로 갈라지며, 크림색이고 빽빽하다. 조직에 상처를 주면 백색 유액이 분비되며, 변색하지 않고, 혀를 자극하는 매운맛이 난다. 대의 길이는 3~10㎝ 정도이며, 아래쪽이 약간 가늘고, 표면은 백색이다. 포자문은 백색이며, 포자 모양은 타원형이다.

🍄**발생 시기 및 장소** 여름부터 가을 사이에 활엽수 또는 침엽수림의 땅에 무리지어 발생하며, 외생균근성 버섯이다.

🍄**식용 가능 여부** 독버섯

🍄**분포** 한국, 일본, 중국, 오스트레일리아

🍄**참고** 북한명은 흙쓰개젖버섯이다. 국내 자생종 중에 자실체가 백색이면서 유액을 분비하며 혀 끝을 대면 매운맛이 나는 버섯이 4종이 있는데 본 종은 갓에 털이 없고 주름살이 빽빽하다는 것이 특징이다.

ㄴ 백색을 띠는 주름살

ㄴ 유액은 백색이며 매운맛이 난다.

진갈색주름버섯

Agaricus subrutilescens (Kauffman) Hotson & D. E. Stuntz

분류 담자균문 Basidiomycota | 주름버섯강 Agaricomycetes | 주름버섯목 Agaricales | 주름버섯과 Agaricaceae | 주름버섯속 Agaricus

형태적 특징 진갈색주름버섯의 갓은 지름이 5~20㎝ 정도로 처음에는 반구형이나 성장하면서 편평형이 된다. 갓 표면은 백색이나 가운데에 자갈색의 섬유상 인편이 밀집해 있다. 갓 끝은 백색 막질의 내피막으로 덮여 있다가 성숙하면서 내피막이 분리되며 막질 고리가 된다. 조직은 다소 두껍고 백색을 띠다가 갈색으로 변해간다. 주름살은 떨어진주름살형이고, 빽빽하고, 백색에서 홍색을 거쳐 흑갈색으로 변색된다. 대의 길이는 5~15㎝ 정도이며, 위쪽은 연한 홍색이며, 아래쪽은 굵고 털 모양의 인편이 있다. 턱받이는 대의 가운데 또는 위쪽에 붙어 있으며 백색이다. 포자문은 회자갈색이며, 포자 모양은 타원형이다.

발생 시기 및 장소 여름부터 가을 사이에 침엽수림, 활엽수림, 혼합림내 땅 위에 홀로 또는 무리지어 발생한다.

식용 가능 여부 독버섯

분포 한국, 전 세계

참고 갓의 인편이 진한 갈색으로 물결 모양으로 펼쳐져 있다.

갓 끝은 백색 막질의 내피막 흔적이 있다.　　　　　　막질의 내피막이 있다.

갓은 성장하면서 자갈색의 섬유상 인편이 넓게 펼쳐진다. ⤵

아래쪽이 굵고 털 모양의 인편이 있는 대 ⤵

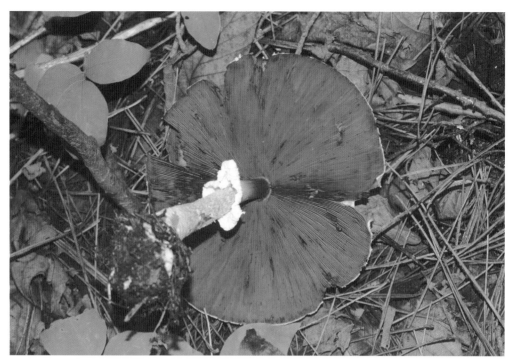

ㄴ 주름살은 어릴 때 백색이다가 분홍색으로 변하고 포자가 성숙하면 회자갈색이 된다.

ㄴ 성숙한 포자가 있는 진갈색의 주름살

큰우산광대버섯

Amanita cheelii P.M. Kirk

 분류 담자균문 Basidiomycota | **주름버섯강** Agaricomycetes | 주름버섯목 Agaricales | 광대버섯과 Amanitaceae | 광대버섯속 Amanita

형태적 특징 큰우산광대버섯의 자실체는 초기에 백색의 작은 달걀 모양이나 성장하면서 정단부의 외피막이 파열되어 갓과 대가 나타난다. 갓은 크기가 5.5~14㎝이며, 초기에는 반구형이나 성장 후에는 중앙볼록편평형 또는 편평형으로 된다. 표면은 습할 때 다소 점성이 있으며 평활하거나 갈색, 회갈색, 황갈색 등의 다양한 색이며, 주변 부위는 옅은 색을 띠며 방사상의 선명한 홈선이 있다. 조직은 비교적 얇고 부드러우며 육질형이고 백색이나 표피층은 회갈색이다. 맛과 냄새는 특별하지 않다. 주름살은 대에 떨어진주름살이고 약간 성글거나 약간 빽빽하며, 주름살날은 암회갈색의 분질상이다. 대의 길이는 5.3~18㎝로 원통형이며 위쪽이 다소 가늘다. 표면은 유백색 또는 회백색 바탕에 암회색의 미분질이 얼룩덜룩한 뱀 껍질 모양의 무늬가 있다. 대 기부에는 백색 대주머니가 있으며 턱받이는 없고, 초기에는 대의 속은 차 있으나 성장하면 비어 있다. 포자문은 백색이며, 포자는 구형이고 비아밀로이드이다.

발생 시기 및 장소 여름에서 가을에 활엽수와 침엽수림 내 지상에 홀로 또는 흩어져 발생하며, 외생균근성 버섯이다.

감별해야 할 식용버섯 우산광대버섯. 우산광대버섯은 대의 표면과 주름살날 부분이 백색이지만 큰우산광대버섯은 약간 검은색을 띠고 있다.

식용 가능 여부 독버섯

분포 한국, 일본, 중국, 북아메리카

↳ 갓 가장자리에 있는 홈선

어린 자실체 ♪

땅 표면에 드러난 대주머니 ♪

검은색 인피가 있는 대의 표면 ♪

ㅋ

↳ 알 속의 자실체

↳ 갓 표면의 홈선

턱받이광대버섯

Amanita spreta (Peck) Sacc.

 분류 담자균문 Basidiomycota | **주름버섯강** Agaricomycetes | 주름버섯목 Agaricales |
광대버섯과 Amanitaceae | 광대버섯속 Amanita

형태적 특징 턱받이광대버섯의 자실체는 백색의 작은 달걀 모양이나 점차 상단 부위가 갈라져 갓과 대가 나타난다. 갓은 2.5~6.5cm로 난형 또는 종형이나 성장하면 반반구형이 되거나 편평하게 펴진다. 표면은 평활하고, 습할 때는 다소 점성이 있으며 회갈색 또는 회색을 띠고 방사상으로 홈선이 있다. 조직은 비교적 얇고, 갓의 표피 하층은 회색을 띤다. 주름살은 떨어진주름살로 약간 성글며 백색이다. 주름살날은 분질상이다. 대는 4.5~11cm로 원통형이고, 상부 쪽이 다소 가늘다. 표면은 평활하거나 종으로 섬유상 선이 있고 백색이며, 대의 속은 비어 있다. 턱받이는 막질이다. 대주머니는 백색이고 막질이다. 포자문은 백색이고, 포자는 넓은 타원형이며 평활하고 비아밀로이드이다.

발생 시기 및 장소 여름과 가을에 활엽수림, 침엽수림 또는 혼합림의 지상에 흩어져 발생한다.

감별해야 할 식용버섯 턱받이광대버섯과 우산광대버섯의 갓 표면은 주변 부위에 방사상으로 홈선이 있고, 백색의 길고 가는 대와 대 기부에 대주머니(우산버섯형의 대주머니)의 형태가 매우 유사하지만, 우산광대버섯은 대의 상부에 턱받이가 없다는 점이 다르다. 긴골광대버섯아재비(*A. longistriata* S. Imai)는 턱받이광대버섯과 모양과 크기, 대에 턱받이가 있다는 점에서 매우 비슷하나, 전자는 주름살이 초기에는 백색이나 점차 분홍색을 띤다는 점에서 쉽게 구별된다.

식용 가능 여부 독버섯

분포 일본, 러시아 연해주, 중국, 북아메리카, 유럽

↖ 백색의 외피막에 싸인 작은 달걀 모양의 자실체

↖ 알에서 나오는 회백색의 갓

종으로 형성된 섬유질상 선 ♪

상부 쪽이 가는 대 ♪

주름살은 떨어진주름살 ♪

얇은 막의 턱받이 ♪

↖ 백색의 주름살

↖ 막질의 대주머니

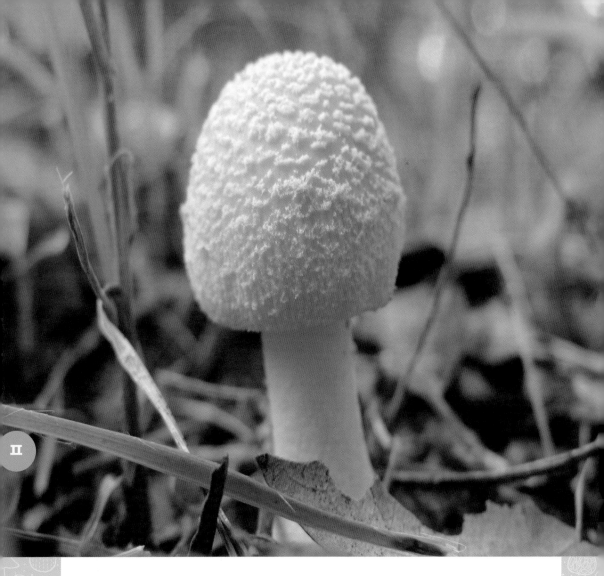

파리버섯

Amanita melleiceps Hongo

 분류 담자균문 Basidiomycota | **주름버섯강** Agaricomycetes | 주름버섯목 Agaricales | 광대버섯과 Amanitaceae | 광대버섯속 Amanita

형태적 특징 파리버섯의 갓은 2.7∼
5.6㎝로 구형 또는 반구형이나 성숙하
면 반반구형 또는 편평하게 펴진다. 표
면은 습할 때 점성이 있으며, 담황색 또
는 황토색을 띠고, 백색 또는 담황색의
분질이 산재해 있으며, 방사상의 홈선
이 있다. 조직은 얇고 유백색이나 옅은
황색을 띠며 잘 부서진다. 주름살은 떨
어진주름살이고 성글며 백색을 띠고,
주름살날은 평활하다. 대는 3.3∼5.8㎝
로 원통형이고, 기부는 팽대하여 구근
상을 이룬다. 표면은 백색 또는 옅은 황
색을 띠고, 구근상 위에는 담황색의 분
질물이 덮여 있으나 소실된다. 성장하
면 대의 속은 빈다. 턱받이는 없다. 포
자문은 백색이고, 포자는 광타원형이며
비아밀로이드이다.

발생 시기 및 장소 여름에 주로 발견되
는데, 적송림 또는 참나무림의 지상에
흩어져 발생한다.

식용 가능 여부 독버섯이다. 국내에서
는 살충제가 나오기 오래전부터 파리버
섯을 따다가 밥에 비벼서 놓으면 파리
가 이것을 빨아먹고 죽었다. 그러나 아
직까지 파리를 죽이는 독 성분에 대해
서는 알려져 있지 않다.

분포 한국, 중국, 일본

↳ 어린 자실체

↳ 갓이 돌출된 자실체

↳ 어린 자실체의 갓 위에 생긴 분질상의 외피막

방사상의 홈선이 있는 갓 ↗

성숙한 자실체의 갓과 주름살 ↗

ㄴ 외피막이 분질물로 갓 위에 넓게 분포

ㄴ 백색의 포자를 가지고 있는 주름살

푸른끈적버섯

Cortinarius salor Fr.

 분류 담자균문 Basidiomycota | **주름버섯강** Agaricomycetes | 주름버섯목 Agaricales |
끈적버섯과 Cortinariaceae | 끈적버섯속 Cortinarius

주름살은 완전붙은주름살이고 초기에 자색이나 포자가 형성되면 황갈색으로 변한다.

형태적 특징 푸른끈적버섯의 갓은 지름이 3~8㎝ 정도로 처음에는 반구형이나 성장하면서 편평형이 된다. 갓 표면은 점액에 덮여 있고, 청자색 또는 남색이며, 가운데는 약간 갈색을 띤다. 조직은 비교적 얇고 연한 자색을 띠며, 맛은 부드럽다. 주름살은 완전붙은주름살형이고, 약간 빽빽하고, 초기에는 연한 자색이나 성장하면서 황갈색으로 된다. 대의 길이는 4~8㎝ 정도이며, 원주형이다. 대 표면은 점액으로 덮여 있고, 연한 자색이나 성장하면서 아래쪽은 황갈색으로 변한다. 거미줄형의 턱받이 흔적이 있으며 황갈색의 포자가 낙하하면 포자색을 띤다. 포자문은 연한 황갈색이며, 포자 모양은 유구형이다.

발생 시기 및 장소 여름부터 가을까지 활엽수림, 혼합림 내 땅 위에 홀로 또는 무리지어 발생한다.

식용 가능 여부 독버섯

분포 한국, 일본, 중국, 시베리아

황금싸리버섯

Ramaria aurea (Schaeff.) Quél.

 분류 담자균문 Basidiomycota | **주름버섯강** Agaricomycetes | 나팔버섯목 Gomphales | 나팔버섯과 Gomphaceae | 싸리버섯속 Ramaria

형태적 특징 황금싸리버섯의 자실체는 중대형이며 7.5~20㎝로 산호 모양이고, 초기에는 짧고 뭉툭한 자루 모양(지름 2~5㎝)이며, 상단부에서 2~6개의 분지가 나타나고, 위쪽으로 4~6회 분지가 형성된다. 상부 쪽의 분지는 점점 가늘고 짧다. 분지는 2분지 또는 다분지형이며, 분지의 모양은 포크·U자형이고, 분지 끝은 뾰족하거나 뭉툭하다. 대의 기부는 백색을 띠고 상부 쪽은 레몬황색을 띠며, 분지 끝은 약간 붉은색을 띤 난황색이고, 성숙하면 다소 옅은 황색으로 퇴색된다. 상처를 입어도 변색되지 않는다. 조직은 백색이고, 육질형 또는 육질상 섬유질형이다. 냄새는 불분명하고, 약간 신맛이 있거나 부드럽다. $FeSO_4$(황산철) 용액을 분지에 떨어뜨리면 적색으로 변한다(Schild). 포자문은 황색이며, 포자는 타원형이고, 표면에 미세돌기가 있으며 종종 돌기종선을 이룬다.

발생 시기 및 장소 늦은 여름이나 가을에 활엽수림(특히 참나무류인 너도밤나무림)의 지상에 무리지어 발생하며, 국내에서 흔히 볼 수 있는 종이다.

감별해야 할 식용버섯 싸리버섯과는 구별된다.

식용 가능 여부 준독성이다.

분포 한국, 유럽, 북아메리카, 오스트리아, 아시아 열대 이북

회색두엄먹물버섯

Coprinopsis atramentaria (Bull.) Redhead, Vilgalys & Moncalvo

분류 담자균문 Basidiomycota | **주름버섯강** Agaricomycetes | 주름버섯목 Agaricales | 눈물버섯과 Psathyrellaceae | 두엄먹물버섯속 Coprinopsis

형태적 특징 회색두엄먹물버섯의 갓은 3.5~7.5㎝로 난형이나 성장하면 종형 또는 원추상 종형으로 발달한다. 표면은 담회색 또는 담회갈색을 띠며, 종종 회갈색의 미세한 인편이 있다. 종종 중앙 부위를 제외하고 방사상으로 잔주름이나 홈선이 있다. 주름살은 끝붙은 주름살이며, 빽빽하고 유백색이거나 엷은 회백색이며, 포자가 성숙하면 갓 끝쪽에서부터 자갈색이나 적갈색을 띠다가 흑색으로 변하며, 포자를 날린 후에 끝에서부터 액화 현상이 나타난다. 대의 길이는 4.5~15.5㎝로 기부는 굵으며, 기부는 방추형 뿌리 모양이다. 성장하면 대의 속은 비어 있고, 대 기부 쪽에 내피막의 일부가 불완전한 턱받이를 이루고 있다. 포자문은 갈흑색 또는 흑색이고, 포자는 타원형이고, 분명한 발아공이 있다.

발생 시기 및 장소 회색두엄먹물버섯은 국내의 농가 주변이나 들판에서 흔히 아침에 발견되는 버섯이며 해가 뜨면서 먹물처럼 녹아내리는 특징이 있다. 봄과 가을에 정원, 화전지, 도로변의 퇴비 더미 주위 또는 부식질이 많은 곳에서 발생하며 종종 활엽수의 부후목에 무리지어 발생한다.

회갈색의 인편

잔디밭에 많이 발생한다.

포자가 성숙하면 액화 현상이 일어난다.

독버섯 **457**

무리지어 발생하는 자실체

종형의 갓

포자는 검은색을 띤다.

빽빽하며 끝붙은주름살

감별해야 할 식용버섯 먹물버섯

식용 가능 여부 독버섯이다. 알코올과 함께 섭취하면 소화기증상(구역질, 구토, 복통 등)을 유발하며, 증상은 3~4일 정도 지속되다가 자연 치유된다.

분포 한국, 전 세계

↳ 흑색의 주름살 　　　　　　　　↳ 부식질이 많은 곳에 발생하는 자실체

↳ 건조해서 갓이 갈라진 상태

흙무당버섯

Russula senecis S. Imai

 분류 담자균문 Basidiomycota | **주름버섯강** Agaricomycetes | 무당버섯목 Russulales |
무당버섯과 Russulaceae | 무당버섯속 Russula

형태적 특징 흙무당버섯의 갓은 4.7~10.5㎝로 반구형이고 끝은 안쪽으로 굽어 있으며, 표면은 황토갈색을 띠고 평활하나 성숙하면 반반구형 또는 중앙오목편평형으로 된다. 표면은 황토갈색의 표피층이 코스모스 꽃잎 모양으로 갈라지며, 그 사이에 담황토색의 조직이 나타나고, 주변부에는 돌기선이 있다. 조직은 냄새무당버섯과 같은 냄새가 나고, 약간 매운맛이 난다. 주름살은 떨어진주름살이며 약간 빽빽하고, 짧은 주름살은 거의 없으며 황백색 또는 어두운 황백색을 띠나, 후에 갈색으로 얼룩진다. 대의 길이는 4.2~7.8㎝로 원통형이며, 표면은 황토색이나 황토갈색 바탕에 갈색 또는 흑갈색의 작은 돌기가 밀포되어 있으며, 대의 속은 성장하면 해면질화 된다. 포자문은 백색이고 포자는 구형이며, 완전한 또는 불완전한 대형의 날개 모양의 띠와 크고 작은 가시 모양의 돌기가 있으며, 멜저용액에서 띠와 돌기는 흑청색을 띠는 아밀로이드이다.

발생 시기 및 장소 여름과 가을에 혼합림의 지상에서 발견된다.

식용 가능 여부 준독성이다.

분포 한국, 일본 등 전 세계

어릴 때 황토갈색을 띠며 성냥개비 형태를 이룬다. ♪

어린 자실체 ♪

코스모스 꽃잎 모양으로 갈라진 갓의 표피 ♪

중앙오목편평형인 갓 ♪

갓 주변부의 홈선 ♪

ㄴ 반구형이나 끝은 굽어 있는 어린 자실체의 갓

ㄴ 광택이 있는 갓

흰가시광대버섯

Amanita virgineoides Bas

분류 담자균문 Basidiomycota | **주름버섯강** Agaricomycetes | 주름버섯목 Agaricales |

광대버섯과 Amanitaceae | 광대버섯속 Amanita

형태적 특징　흰가시광대버섯의 갓은 지름이 10~20㎝ 정도로 전체가 백색이고, 초기에는 구형이나 성장하면서 편평형이 된다. 표면은 백색이고 가루로 덮여 있으며, 가시 모양의 인편이 부착되어 있다. 인편은 비가 오면 빗물에 씻겨 떨어져 나가 다른 종처럼 보이기도 한다. 조직은 백색이다. 주름살은 떨어진주름살형이고, 약간 빽빽하고, 백색이다. 대의 길이는 10~25㎝ 정도이며, 어린 버섯은 대 속이 차 있으나 성장하면서 속이 빈 것도 있다. 표면은 순백색이며, 가시 모양의 인편이 붙어 있어서 만지면 손에 잘 붙는다. 턱받이는 성장하면서 탈락되기도 한다. 기부는 곤봉형이며, 가시 모양의 인편이 있다. 포자문은 백색이며, 포자 모양은 타원형이다.

발생 시기 및 장소　여름부터 가을까지 침엽수림, 활엽수림 또는 혼합림내 땅 위에 홀로 발생하며, 외생균근성 버섯이다.

식용 가능 여부　우리나라에서는 '닭다리버섯'이라 부르고 식용하고 있지만 독버섯으로 기록된 문헌이 있으므로 성분을 확인한 후에 식용해야 하는 버섯이다. 요리를 해서 먹을 경우 입안이 가시에 찔린 것과 같은 통증이 있으므로 먹지 않는 것이 좋다.

분포　한국, 중국 등 북반구 일대

ㄴ 구형의 갓을 이룬 어린 자실체

ㄴ 대 표면은 가시 모양의 인편이 있어 만지면 손에 잘 붙는다.

어린 자실체 ♪

백색의 가루로 덮인 자실체 ♪

곤봉형의 대 기부 ♪

가시 모양의 인편 ♪

대에 떨어진주름살

내피막 모습

흰갈대버섯

Chlorophyllum molybdites (G. Mey.) Massee

 분류　담자균문 Basidiomycota | **주름버섯강** Agaricomycetes | 주름버섯목 Agaricales |
주름버섯과 Agaricaceae | 갈대버섯속 Chlorophyllum

형태적 특징 흰갈대버섯의 갓은 직경이 6.5~28.5㎝로 초기에 구형 또는 종형이나 성장하면 중고반반구형 또는 중고편평형으로 된다. 갓 표면은 건성이고 평활하며 짙은 갈색을 띠고, 성장하면 중앙 부위를 제외하고 불규칙하게 갈라져 크고 작은 인편이 산재해 있으며, 갈라진 사이는 백색을 띠고 섬유질이거나 해면질이다. 조직은 두껍고 육질이며, 치밀하고 백색이나 성장하면 해면질로 되고 오백색을 띤다. 맛과 향기는 큰갓버섯과 거의 동일하며 부드럽다. 주름살은 대에 떨어진주름살이고 빽빽하며, 편복형이고 폭은 넓으며, 어릴 때에는 백색을 띠고 후에 녹색 또는 회록색을 띠며, 상처를 입으면 갈색으로 변한다. 대의 길이는 8.5~25㎝로 원통형이고 위아래 굵기가 비슷하며, 기부는 팽대하여 구근상이다. 표면은 건성이고 평활하며, 어릴 때에는 백색을 띠나 성장하면 회갈색을 띠고, 섬유질이며 상부에 두꺼운 반지 모양의 가동성 턱받이가 있고, 성장하면 속은 비어 있다. 포자문은 녹색(건조 후에는 황토색을 띤다)을 띠며, 포자는 광타원형 또는 난형이고 평활하며, 포자벽은 두껍고 정단에 발아공이 있다.

발생 시기 및 장소 봄에서 가을에 초지 목장 등 유기질이 많은 곳에 발생하며 희귀종의 버섯이다.

감별해야 할 식용버섯 큰갓버섯

식용 가능 여부 독버섯

분포 한국, 일본, 열대, 아열대, 아메리카 대륙

ㅎ

ㄴ 푸른빛이 감도는 주름살

흰꼭지외대버섯

Entoloma album Hiroë

└ 습할 때 갓 표면에 반투명선이 생긴다.　　　　　└ 주름살은 포자가 성숙하면 분홍색으로 변한다.

형태적 특징 흰꼭지외대버섯의 갓은 지름이 1~6㎝ 정도로 처음에는 원추형 또는 종형이나 성장하면서 편평형으로 펼쳐지거나 반전되며, 갓 가장자리는 물결 모양을 이루기도 한다. 갓 가운데에 우산 꼭지 모양의 돌기가 있다. 갓 표면은 매끄럽고, 비단 같은 광택이 나며, 습할 때는 백색 또는 황백색을 띠고, 반투명선이 나타난다. 조직은 얇으며, 맛과 냄새가 없다. 주름살은 완전붙은주름살형이고, 성글며, 초기에는 백색이나 성장하면서 분홍색을 띤다. 대의 길이는 2~5㎝ 정도이며, 원통형이며, 위아래 굵기가 비슷하고, 종종 뒤틀려있거나 편압되어 있다. 대의 표면은 광택이 나며, 유백색이고, 속은 비어 있다. 포자문은 살색이며, 포자 모양은 다각형이다.

발생 시기 및 장소 여름부터 가을에 활엽수림 내 땅 위에 홀로 발생한다.

식용 가능 여부 독버섯

분포 한국, 일본

참고 전체가 백색이며, 갓의 중심부에 연필심 같은 꼭지가 있는 것이 특징이다.

└ 갓 중앙에 꼭지 모양의 돌기　　　　　└ 공생하는 버섯으로 큰 바위 주변에 많이 발생한다.

흰오뚜기광대버섯

Amanita castanopsidis Hongo

 분류 담자균문 Basidiomycota | **주름버섯강** Agaricomycetes | 주름버섯목 Agaricales |
광대버섯과 Amanitaceae | 광대버섯속 Amanita

🍄형태적 특징   흰오뚜기광대버섯의 갓은 크기가 3.5~7㎝이고, 초기에는 반구형이나 성장하면 반반구형 또는 편평형으로 되며, 갓의 끝 부위는 초기에 백색의 내피막으로 싸여 있으나 성장하면 갓 끝에 내피막 잔유물이 면모상으로 부착되어 있다. 표면에는 백색의 외피막이 피라미드상 또는 사마귀상으로 남아 있으며, 중앙 부위는 더욱 크고 끝 부위 쪽으로 작으며, 성장하면 다소 옅은 회갈색 또는 옅은 황갈색을 띠며 탈락성이고, 갓 전체는 백색이며 건성이다. 조직은 두께가 0.4~0.6㎝이며 비교적 두껍고 육질형이며, 백색이고 변색하지 않으며, 냄새는 다소 불쾌하고 맛은 비교적 부드럽다. 주름살은 0.6㎝ 내외이고 대에 떨어진주름살이며, 다소 빽빽하고 초기에는 백색이나 점차 황백색으로 되며, 주름살날에는 분질상이 있다.

대의 길이는 4.5~8㎝이고 상부 쪽이 가늘며, 대 기부는 팽대하여 구근상(약 1.8㎝)을 이루고 아래쪽은 가늘어져 위뿌리상을 이룬다. 전체는 곤봉형 또는 방추형이다. 표면은 건성이며, 상부 쪽은 분질상 또는 섬모상이고, 기부 쪽은 섬유상 또는 사마귀상의 인편이 있으며, 전체가 백색이다. 내피막은 막질상 또는 섬유상으로 드물게는 턱받이를 형성하나 쉽게 소실된다.

포자문은 백색이며, 포자는 타원형이며, 평활하고 얇으며, 멜저 용액에서 아밀로이드이다.

⌐ 백색의 피라미드상 외피막이 갓 표면에 있는 자실체   ⌐ 주름살은 백색이다.

독버섯   **473**

발생 시기 및 장소 여름에 숲 속 토양에 흩어져 나거나 소수 무리지어 발생한다.

감별해야 할 식용버섯 흰가시광대버섯

식용 가능 여부 독버섯(맹독성)

분포 한국, 일본

어린 자실체 ♪

성숙한 자실체 ♪

주름살은 대에 떨어진주름살 ♪

어린 자실체와 성숙한 자실체 ♪

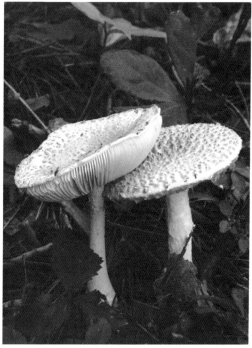

ㄴ 중앙부위가 큰 외피막   ㄴ 성장하면서 편평형으로 된 갓

ㄴ 대 기부는 구근상이다.

중독버섯

갈변힌무당버섯

Russula japonica Hongo

 분류 담자균문 Basidiomycota | **주름버섯강** Agaricomycetes | 무당버섯목 Russulales |
무당버섯과 Russulaceae | 무당버섯속 Russula

478

↳ 갓 중앙부가 담황색인 자실체   ↳ 갓 표면은 외피가 갈색으로 변한다.

형태적 특징 갈변흰무당버섯의 갓은 지름이 8~20㎝ 정도로 처음에는 반구형이나 성장하면서 가운데가 오목한 반구형에서 깔때기형으로 된다. 갓 표면은 백색을 띠다가 연한 갈색으로 변하며, 매끄럽다. 조직은 백색이고, 두꺼우며 단단하다. 주름살은 끝붙은주름살형이고, 아주 빽빽하고 초기에는 백색이나 성장하면서 연한 황색 또는 황갈색이 된다. 대의 길이는 3~6㎝ 정도이고, 짧고 뭉툭하며, 위아래 굵기가 비슷하거나 아래쪽이 다소 가늘고 백색이다. 포자문은 연한 황색이고, 포자 모양은 난형이다.

발생 시기 및 장소 여름부터 가을까지 활엽수림 내 낙엽이 쌓인 땅 위에 무리지어 나거나 흩어져서 발생하는 외생균근성 버섯이다.

식용 가능 여부 독성분은 알려져 있지 않으나 체질에 따라 중독되는 경우가 있어 주의를 요하는 버섯이다.

분포 한국, 일본, 중국, 유럽

↳ 오목반반구형의 백색 갓   ↳ 무리지어 발생한 자실체

검은비늘버섯

Pholiota adiposa (Batsch) P. Kumm.

🍄 분류 담자균문 Basidiomycota | 주름버섯강 Agaricomycetes | 주름버섯목 Agaricales |
포도버섯과 Strophariaceae | 비늘버섯속 Pholiota

형태적 특징 검은비늘버섯의 갓은 지름이 3~8㎝ 정도이며, 처음에는 반구형이나 성장하면서 평반구형 또는 편평형이 된다. 갓 표면은 습할 때 점질성이 있으며, 연한 황갈색을 띠며, 갓 둘레에는 백색의 인편이 있는데 성장하면서 탈락되거나 갈색으로 변한다. 조직은 비교적 두껍고, 육질형이며, 노란 백색을 띤다. 주름살은 대에 완전붙은 주름살형이며, 약간 빽빽하고, 처음에는 유백색이나 성장하면서 적갈색으로 된다. 대의 길이는 4~10㎝ 정도이며, 원통형으로 위아래 굵기가 비슷하거나 아래쪽이 다소 굵으며, 기부는 다발성으로 수십 개가 합쳐져 있다. 대 위쪽의 표면은 유백색이나 아래쪽은 점차 진한 적갈색으로 되고, 거친 돌기상의 인편이 있다. 턱받이는 옅은 황색을 띠며 쉽게 탈락한다. 포자문은 적갈색이며, 포자 모양은 타원형이다.

발생 시기 및 장소 봄부터 가을 사이에 활엽수 또는 침엽수의 죽은 가지나 그루터기에 뭉쳐서 무리지어 발생한다.

식용 가능 여부 식용버섯이나 많은 양을 먹거나 생식하면 중독되므로 주의해야 한다.

분포 한국, 중국, 유럽, 북아메리카

참고 갓의 대부분에 인편이 있는데 백색에서 갈색으로 변한다.

평반구형의 갓을 가진 자실체

포자가 형성되어 적갈색을 띠는 주름살

ㄴ 쉽게 탈락되는 거미줄형의 턱받이

ㄴ 검은비늘버섯(재배)

곰보버섯

Morchella esculenta (L.) Pers.

 분류   자낭균문 Ascomycota | **주발버섯강** Pezizomycetes | 주발버섯목 Pezizales |

곰보버섯과 Morchellaceae | 곰보버섯속 Morchella

🍄**형태적 특징**　곰보버섯 자실체는 지름이 3~5㎝이고, 높이는 5~14㎝ 정도로, 중형버섯이다. 머리 부분인 갓은 넓은 난형이며, 그물 모양이고, 파인 것처럼 보이는 불규칙한 홈이 있다. 또한 갓은 대의 절반 이상을 덮고 있으며, 아래쪽의 갓은 대에 부착되어 있다. 자실층은 갓의 표면인 홈에 고루 분포되어 있다. 조직은 백색 또는 황토색이고, 다소 탄력성이 있다. 대의 길이는 4~10㎝, 굵기는 2~4㎝ 정도이며, 원통형이고, 기부 쪽이 굵으며, 표면은 불분명한 주름이 있으며, 백색을 띤다. 머리부터 기부까지의 속은 비어 있다. 자낭포자는 타원형이다.

🍄**발생 시기 및 장소**　봄에 숲 속이나 나뭇가지가 많은 곳에서 식물과 공생생활을 하는 균근성 버섯이다.

🍄**식용 가능 여부**　어린 버섯은 식용이 가능하나 많은 양을 먹으면 중독되므로 주의해야 한다.

🍄**분포**　한국, 중국, 일본, 유럽, 북아메리카

🍄**참고**　완전 성숙한 버섯에서 독성분인 Gromitrin이 검출되었다는 문헌이 있으므로 식용으로 이용할 때 주의해야 한다. 프랑스에서는 즐겨 먹는 버섯이다.

갓은 자실체 절반을 차지한다. ♪

곰보 모양의 불규칙한 홈이 있는 자실체

횡단면으로 절단한 원형의 대 형태

속이 빈 대

넓은큰솔버섯

Megacollybia platyphylla (Pers.) Kotl. & Pouzar

🍄 **분류**　담자균문 Basidiomycota | **주름버섯강** Agaricomycetes | 주름버섯목 Agaricales |
낙엽버섯과 Marasmiaceae | 큰솔버섯속 Megacollybia

형태적 특징 넓은큰솔버섯의 갓은 지름이 5~15㎝ 정도이며, 초기에는 평반구형이나 성장하면서 오목편평형이 된다. 갓 표면은 어릴 때는 진한 흑갈색이나 점차 연한 회색으로 되고, 방사상으로 섬유질선이 있으며, 성장하면 종종 표면이 방사상으로 갈라지기도 한다. 조직은 얇으며, 백색이다. 주름살은 대에 완전붙은주름살형이고, 성글며, 백색이다. 주름살 사이에 간맥이 있으며, 주름살 끝은 분질상이다. 대의 길이는 6~15㎝, 굵기는 0.5~2㎝ 정도이며, 토양 표면과 붙어 있는 부분이 조금 굵으며, 속은 비어 있다. 포자문은 백색이고, 포자 모양은 타원형이다.

발생 시기 및 장소 여름부터 가을까지 활엽수의 고목, 그루터기 또는 나무가 매몰된 지상에 홀로 또는 무리지어 발생한다.

식용 가능 여부 식용 가능하나 생식하면 체질에 따라 중독되는 경우가 있다.

분포 한국, 북반구 온대 이북

참고 조리한 것도 위장 자극이 있으므로 주의해야 한다.

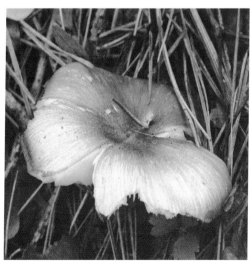

성숙하면 섬유질선이 나타나고 갈라지는 갓 표면

주름살은 백색이고 대에 완전붙은주름살이다.

능이 _(구: 향버섯, 노루털버섯)

Sarcodon imbricatus (L.) P. Karst.

 분류 　담자균문 Basidiomycota | **주름버섯강** Agaricomycetes | 사마귀버섯목 Thelephorales |
노루털버섯과 Bankeraceae | 능이속 Sarcodon

형태적 특징 능이의 갓은 지름이 5~25㎝ 정도이며, 버섯 높이는 5~25㎝ 정도로 처음에는 편평형이나 성장하면서 깔때기형 또는 나팔꽃형이 되고, 중앙부는 대의 기부까지 뚫려 있다. 갓 표면은 거칠고 위로 말린 각진 인편이 밀집해 있다. 자실체는 처음에는 연한 홍색 또는 연한 갈색이나 성장하면서 홍갈색 또는 흑갈색으로 변하며, 건조하면 흑색으로 된다. 조직은 연한 홍갈색인데 건조하면 회갈색으로 된다. 자실층은 길이 1㎝ 이상 되는 많은 침이 돋아 있고, 초기에는 회백갈색이나 성장하면서 연한 흑갈색이 된다. 대의 길이는 3~5㎝ 정도로 비교적 짧고, 기부까지 침이 돋아 있으며, 연한 흑갈색을 띤다. 포자문은 연한 갈색이며, 포자 모양은 구형이다.

발생 시기 및 장소 가을에 활엽수림 내 땅 위에 무리지어 나거나 홀로 발생한다.

식용 가능 여부 독특한 향기가 있는 식용버섯이나 생식하면 가벼운 중독 증상이 나타날 수 있다.

분포 한국, 동아시아

참고 독특한 향기가 난다고 하여 향버섯이라고도 한다. 예로부터 민간에서나 한방에서 고기를 먹고 체한 데 이 버섯을 달인 물을 소화제로 이용하였다. 위장에 염증이나 궤양이 있을 때는 금기한다. 아직 재배되지 않고 있으며, 송이처럼 귀한 버섯으로 취급된다.

↳ 나팔꽃형의 자실체

↳ 갓 위에는 거친 인편이 있다.

↳ 자실층은 침으로 이루어져 있다.

회백갈색의 자실층은 포자가 형성되거나 건조하면 흑갈색으로 변한다.

ㄴ 거칠은 인편이 밀포된 갓

ㄴ 대 기부까지 뚫려 있는 갓 중앙부

ㄴ 활엽수림 내 지상에 발생하는 공생균이다.

먹물버섯

Coprinus comatus (O. F. Müll.) Pers.

분류 담자균문 Basidiomycota | **주름버섯강** Agaricomycetes | 주름버섯목 Agaricales |
주름버섯과 Agaricaceae | 먹물버섯속 Coprinus

형태적 특징 먹물버섯의 갓은 지름이 3~5㎝, 높이는 4~10㎝ 정도이며, 처음에는 긴 난형이나 성장하면서 종형으로 되며, 대의 반 이상을 덮고 있다. 표면은 유백색을 띠며 견사상 섬유질이나 성장하면서 연한 갈색의 거친 섬유상 인피로 된다. 조직은 얇고 백색을 띤다. 주름살은 끝붙은주름살형 또는 떨어진주름살형이며, 빽빽하고, 처음에는 백색이나 성장하면서 갈색으로 된 후 흑색으로 변한다. 갓 가장자리부터 액화 현상이 일어나서 갓은 없어지고 대만 남는다. 대의 길이는 15~25㎝ 정도로 원통형이며, 위쪽이 조금 가늘며, 속은 비어 있고, 표면은 백색이다. 턱받이는 위아래로 움직일 수 있으며, 기부는 원추상으로 부풀어 있다. 포자문은 검은색이며, 포자 모양은 타원형이다.

발생 시기 및 장소 봄부터 가을까지 정원, 목장, 잔디밭 등 부식질이 많은 땅 위에 무리지어 흩어져 발생한다.

식용 가능 여부 어린 버섯은 식용할 수 있으나, 중독증상이 있는 것으로 기재된 문헌도 있다.

분포 한국, 전 세계

↳ 견사상 섬유질이 있는 어린 자실체

흑색으로 변한 갓 ↗

포자가 성숙하면 액화 현상이 일어나는 자실체 ↗

ㄴ 부식질이 많은 풀밭에 자생하는 자실체

ㄴ 무리지어 발생한 자실체

붉은덕다리버섯

Laetiporus miniatus (Jungh.) Overeem

└ 선홍색을 띤 부채형의 자실체　　　　　　└ 관공은 원형이며 조직은 쉽게 부서진다.

형태적 특징　붉은덕다리버섯의 갓은 지름이 5~20㎝, 두께가 1~3㎝ 정도이며, 부채형 또는 반원형이다. 표면은 선홍색 또는 황적색이나, 마르면 백색으로 된다. 갓은 성장하면서 여러 개가 겹쳐서 난다. 갓 둘레는 파상형 또는 갈라진형이다. 조직은 초기에는 갓 표면과 같은 색을 띠며 탄력성이 있고 유연하나, 성숙하면 점차 퇴색하여 백색으로 되며 잘 부서진다. 자실층은 관공형이며, 관공은 길이가 0.2~1㎝ 정도이며 황갈색이다. 관공구는 작으면서 원형이다. 대는 없으며, 갓의 측면 일부가 직접 기주에 부착되어 있다. 포자문은 백색이며, 포자 모양은 타원형이다.

발생 시기 및 장소　봄부터 여름까지 활엽수의 생목이나 고목 그루터기에 발생하며, 목재를 썩히는 부후생활을 한다.

식용 가능 여부　어린 시기의 자실체는 식용하고 있지만 생식하면 중독되는 경우도 있으므로 유의해야 된다.

분포　한국, 일본, 아시아 열대

비늘버섯

Pholiota squarrosa (Vahl) P. Kumm.

 분류 담자균문 Basidiomycota | **주름버섯강** Agaricomycetes | 주름버섯목 Agaricales |
포도버섯과 Strophariaceae | 비늘버섯속 Pholiota

형태적 특징 비늘버섯의 갓은 크기가 2.5~6.5㎝로 성장 초기에는 반구형 또는 종형이나 성장하면 반반구형으로 되다가 편평하게 퍼진다. 대부분 중앙 부위가 약간 볼록하며, 갓 끝은 오랫동안 안쪽으로 굽어 있다. 표면은 습할 때에도 건조하며, 옅은 황색또는 올리브황색 바탕에 끝이 반전된 등황갈색, 암갈색의 비늘상 인피(squarrose)가 다소 동심원상으로 배열되어 있으며, 중심 쪽은 더 짙은 색을 띠며 밀집되어 있다. 성장초기 갓 끝은 섬유상 또는 섬유상 막질의 내피막으로 싸여 있으나 성장하면 갓 끝 쪽에내피막의 잔유물이 쉽게 소실된다. 조직은 육질형이며 얇고 황백색이며, 냄새는 일반적인 버섯 냄새가 나거나 분명하지 않으며, 맛은 부드럽다. 주름살은 대에 완전붙은주름살 또는 짧은내린주름살이며 빽빽하고 다소 넓은 편이며, 초기에는 맑은 올리브황색이나 성장하면 올리브갈색을 띠고, 주름살날은 평활하다.

대의 길이는 5.2~15㎝로 원통형이고 상하 굵기가 비슷하거나 기부 쪽이 다소 굵으며, 일반적으로 휘거나 종종 굽어 있다. 표면은 턱받이 위쪽은 면모상이거나 미분질이며맑은 황백색이고, 턱받이 아래는 옅은 황생 바탕에 갈색의 비늘상 인피, 손거스러미상인피 또는 암갈색 인피가 산재해 있으며, 기부 쪽은 짙은 색을 띠고 가늘며, 옆의 다른대와 합생(concre-scented)하여 종종 다발을 이룬다. 턱받이는 맑은 황색을 띠며 면모상섬유질이고, 성장하면 거의 소실되어 흔적만 남는다. 포자문은 짙은 황갈색이고, 포자는 타원형이고 평활하며 포자벽은 얇고 정단부에 작고 분명한 발아공이 있으며, KOH(수산화칼륨) 용액에서 황금색을 띠는 부정형의 내용물이 있다.

전나무 그루터기에 발생하는 자실체

건조한 갓 표면

대 아래쪽의 손거스러미상의 인피 ♪

🍄 **발생 시기 및 장소** 여름부터 가을까지 활엽수 고사목의 그루터기에 무리지어 발생하며 침엽수에서도 발생한다.

🍄 **식용 가능 여부** 독버섯이다. 개개인의 체질에 따라 중독 증상(복통과 설사)이 나타나며, 특히 술과 함께 먹으면 중독 증상이 나타나기 때문에 주의해야 한다.

🍄 **분포** 북반구 온대

어릴 때 반구형의 갓 ♪

무리지어 발생하는 자실체 ♪

ㄴ 어릴 때에는 턱받이가 주름살을 보호

ㄴ 어릴 때 부착되는 섬유질상 내피막

비늘새잣버섯

(구명: 새잣버섯, 신솔새잣버섯, 잣버섯)

Neolentinus lepideus (Fr.) Redhead & Ginns

 분류 담자균문 Basidiomycota | **주름버섯강** Agaricomycetes | 구멍장이버섯목 Polyporales |

구멍장이버섯과 Polyporaceae | 새잣버섯속 Neolentinus

침엽수 절주목에 다발로 발생한 자실체

형태적 특징 비늘새잣버섯 갓의 지름은 5~15㎝ 정도이며, 초기에는 평반구형이나 성장하면서 편평형이 된다. 표면은 백색 또는 연한 황갈색이며, 황갈색의 인피가 불규칙한 원을 이루고 있다. 갓 중앙 부분의 표피가 갈라져 백색의 조직이 보이기도 한다. 주름살은 대에 홈주름살형 또는 내린주름살형이며, 약간 빽빽하고, 백색이며, 끝 부분은 톱니형이고, 종종 심하게 갈라지기도 한다. 대의 길이는 2~8㎝, 굵기는 1~3㎝ 정도이며, 대의 표면은 갓의 표면과 같이 백색 또는 연한 황색을 띠며 갈색의 갈라진 인편이 있다. 대의 위쪽에는 줄무늬 선이 있고, 속은 차 있다. 포자문은 백색이며, 포자 모양은 타원형이다.

발생 시기 및 장소 여름부터 가을까지 소나무의 그루터기에 홀로 또는 뭉쳐서 발생하며 나무를 분해하는 부후성 버섯이다.

식용 가능 여부 식용가능하나 체질에 따라서 중독을 일으킬 수 있으므로 유의해야 한다.

분포 한국, 전 세계

건조 시 갓 표면은 표피가 갈라져 백색의 조직이 보인다. ♪

포자는 백색을 띤다. ♪

톱니형의 주름살

어린 자실체

뽕나무버섯

Armillaria mellea (Vahl) P. Kumm.

분류 담자균문 Basidiomycota | **주름버섯강** Agaricomycetes | 주름버섯목 Agaricales | 뽕나무버섯과 Physalacriaceae | 뽕나무버섯속 Armillariella

형태적 특징 뽕나무버섯의 갓은 지름이 3~15㎝ 정도로 처음에는 평반구형이나 성장하면서 편평형이 된다. 갓 표면은 연한 갈색 또는 황갈색이며, 중앙부에 진한 갈색의 미세한 인편이 나 있고, 갓 둘레에는 방사상의 줄무늬가 있다. 주름살은 내린주름살형이며, 약간 성글고, 처음에는 백색이나 성장하면서 연한 갈색의 상흔이 나타난다. 대의 길이는 4~15㎝ 정도, 섬유질이며, 아래쪽이 약간 굵다. 표면은 황갈색을 띠며 아래쪽은 검은 갈색이다. 턱받이는 백황색의 막질로 이루어져 있다. 포자문은 백색이며, 포자 모양은 타원형이다.

발생 시기 및 장소 봄부터 늦은 가을까지 활엽수, 침엽수의 생나무 그루터기, 죽은 가지 등에 뭉쳐서 발생하는 활물기생성 버섯이다.

식용 가능 여부 우리나라에서는 식용으로 이용해 왔으나 생식하거나 많은 양을 먹으면 중독되는 경우가 있으므로 주의해야 되는 버섯이다. 지방명이 다양해서 혼동을 일으킬 수 있는 버섯이기도 하다. 강원도 지역에서는 '가다발버섯'으로 부르고 있다.

분포 한국, 전 세계

ㄴ 갓 중앙부에 진한 갈색의 인편을 가지고 있는 자실체

ㄴ 주름살은 갈색 상흔이 있기도 한다.

턱받이가 있는 대 ♪

턱받이는 백황색의 막질로 이루어져 있다. ♪

형태적 특징 절구무당버섯의 갓은 지름이 5~20㎝ 정도로 처음에는 반반구형이나 성장하면서 가운데가 오목한 편평형이 된다. 갓 표면은 연한 갈색이나 성장하면서 갈색을 띠고, 오래되면 검은색이 된다. 조직은 백색이며, 절단하면 적색으로 변하고 바로 검은색으로 변한다. 주름살은 끝붙은주름살형이고, 성글다. 대의 길이는 3~8㎝ 정도이고, 단단하며, 백색이나 성장하면서 갈색을 거쳐 흑색으로 변한다. 대의 속은 차 있다. 포자문은 백색이며, 포자 모양은 구형이다.

발생 시기 및 장소 여름부터 가을 사이에 활엽수림 내 땅 위에 홀로 나거나 흩어져서 발생하는 외생균근성 버섯이다.

식용 가능 여부 식용버섯이나 생식하면 중독된다.

분포 한국, 북아메리카, 북반구 일대

참고 북한명은 성긴주름버섯이다. 주름살이 두껍고 다른 버섯에 비해 폭이 넓다.

성숙하면 갓 끝 부위가 위로 펴진다.

주름살은 끝붙은주름살

폭이 넓고 성긴 주름살

좀벌집구멍장이버섯

Polyporus arcularius (Batsch) Fr.

 분류 담자균문 Basidiomycota | **주름버섯강** Agaricomycetes | 구멍장이버섯목 Polyporales |
구멍장이버섯과 Polyporaceae | 구멍장이버섯속 Polyporus

형태적 특징 좀벌집구멍장이버섯의 갓은 지름이 3~5㎝ 정도이며, 원형 또는 깔때기형이다. 표면은 황백색 또는 연한 갈색이고, 갈라진 작은 인편이 있다. 조직은 백색이며, 부드러운 가죽질이다. 관공은 0.1~0.2㎝ 정도이며, 백색 또는 크림색이고, 관공구는 0.1㎝ 이하로 타원형이며, 방사상으로 배열되어 있다. 대의 길이는 1~5㎝ 정도이며, 굵기는 0.2~0.5㎝ 정도로 원주상이며, 질기고, 단단하다. 포자문은 백색이고, 포자 모양은 긴 타원형이다.

발생 시기 및 장소 여름부터 가을까지 활엽수의 고목, 부러진 가지, 그루터기 위에 무리지어 발생하며, 부생생활을 한다. 나뭇가지가 매몰된 땅 위에 무리지어 발생되기도 한다.

식용 가능 여부 어린 버섯은 식용 가능하나 생식을 하면 중독된다.

분포 한국, 일본 등 전 세계

참고 약용과 항암작용이 있다.

ㄴ 갓 표면은 작은 인편이 밀포

ㄴ 관공은 크림색이고 관공구는 타원형이다.

ㄴ 깔때기형의 갓을 가진 자실체

불명버섯

가랑잎꽃애기버섯

Gymnopus peronatus (Bolton) Gray

 분류 담자균문 Basidiomycota | **주름버섯강** Agaricomycetes | 주름버섯목 Agaricales |
화경버섯과 Omphalotaceae | 꽃애기버섯속 Gymnopus

�苺 대 기부에 있는 담황색의 털

🎨 **형태적 특징**　가랑잎꽃애기버섯 갓의 지름은 1.2~4㎝ 정도이며, 처음에는 반구형이나 성장하면서 편평형이 되고, 나중에는 가운데가 들어간다. 갓 표면은 습할 때 가장자리로 방사상의 선이 보이고, 황갈색 또는 암갈색이다. 조직은 얇고 질기며 매운맛이 난다. 주름살은 끝붙은주름살형 또는 완전붙은주름살형이며 성글고 연한 황색 또는 연한 갈색이다. 대는 2~6㎝ 정도이며, 원통형으로 위아래 굵기가 비슷하고, 표면은 연한 황갈색을 띠며, 아래쪽에는 연한 황색의 털이 빽빽하게 나 있다. 포자문은 백색이며, 포자 모양은 긴 타원형이다.

🎨 **발생 시기 및 장소**　여름부터 가을까지 낙엽이 많이 부식된 땅 위에 무리지어 발생하며 낙엽분해성 버섯이다.

🎨 **식용 가능 여부**　식용 여부는 알려져 있지 않다.

🎨 **분포**　한국, 일본, 중국, 북반구 일대, 오스트레일리아, 유럽

🌺 편평형인 갓 중앙부

🌺 성근 주름살을 가진 자실층

불명버섯　**517**

갓에 있는 방사상의 선 ↗

건조한 노숙한 버섯 ↗

대의 표면에 있는 털 ↗

↖ 무리지어 발생하는 버섯들

갈색꽃구름버섯

Stereum ostrea (Blume & T. Nees) Fr.

 분류 담자균문 Basidiomycota | **주름버섯강** Agaricomycetes | 무당버섯목 Russulales |

꽃구름버섯과 Stereaceae | 꽃구름버섯속 Stereum

🎨**형태적 특징** 갈색꽃구름버섯의 갓은 지름이 1~7㎝, 두께가 0.1~0.2㎝ 정도이며, 매우 얇은 부채형이다. 반배착생으로 기주에 넓게 부착하여 선반형이 된다. 표면은 부드럽고, 회백색 또는 적갈색, 검은 갈색 등의 털이 동심원상으로 늘어선 고리 무늬가 있는데, 털이 있는 부분과 털이 없는 부분이 번갈아 있다. 노숙하면 털은 탈락한다. 조직은 단단하고 질기다. 아랫면의 자실층은 갈색 또는 연한 황갈색이며, 액체를 분비하는 백색의 균사가 있다. 포자문은 백색이고, 포자 모양은 긴 타원형이다.

🎨**발생 시기 및 장소** 1년 내내 활엽수의 고목, 부러진 가지, 그루터기 위에 무리지어 발생하며, 부생생활을 한다.

🎨**식용 가능 여부** 식용 여부는 알려져 있지 않다.

🎨**분포** 한국, 전 세계

건조된 자실체

연한 갈색의 포자 형성층은 관공형을 이룬다.

ㄴ 웃자란 버섯

ㄴ 부채형의 자실체

고깔갈색먹물버섯

Coprinellus disseminatus (Pers.) J.E. Lange

 분류
담자균문 Basidiomycota **| 주름버섯강** Agaricomycetes **| 주름버섯목** Agaricales **|**
눈물버섯과 Psathyrellaceae **| 갈색먹물버섯속** Coprinellus

형태적 특징 고깔갈색먹물버섯의 갓은 지름이 1~2㎝ 정도이며, 처음에는 난형이나 성장하면서 종형을 거쳐 편평형이 된다. 갓 표면은 백색이고, 가운데는 연한 홍색 또는 회백색이고, 백색의 인편이 있으며, 가장자리에는 홈선이 있으며, 갓 표면은 완전히 성숙한 후에는 자흑색으로 변한다. 조직은 얇고 회백색이다. 주름살은 끝붙은주름살형이며, 성글고, 처음에는 백색이나 성장하면서 자갈색을 띤다. 대의 길이는 1~4㎝ 정도이며, 위아래 굵기가 비슷하며 백색이고, 초기에 백색의 미세한 털로 덮여 있으나 점차 소실된다. 대의 속은 비어 있다. 포자문은 흑갈색이며, 포자 모양은 타원형이다.

발생 시기 및 장소 봄부터 가을까지 썩은 활엽수의 그루터기, 고목에 뭉쳐서 무리지어 발생한다.

식용 가능 여부 식용 여부는 알려져 있지 않다.

분포 한국, 전 세계

참고 소형버섯으로 고목 등에 수십, 수백 개가 뭉쳐서 난다.

종형의 갓을 가진 자실체

무리지어 발생하는 어린 자실체

ㄴ 무리지어 발생하는 자실체

ㄴ 포자 형성시 검게 변하는 주름살

고리갈색깔때기버섯

Hydnellum concrescens (Pers.) Banker

 분류 담자균문 Basidiomycota | **주름버섯강** Agaricomycetes | 사마귀버섯목 Thelephorales | 노루털버섯과 Bankeraceae | 갈색깔때기버섯속 Hydnellum

형태적 특징　고리갈색깔때기버섯의 갓은 지름이 1~5㎝이고, 크기는 2~5㎝ 정도이며, 처음에는 부채형이나 성장하면서 편평형 또는 깔때기형이 된다. 갓 표면은 갈색이며, 섬유상의 방사상 선과 동심원형의 무늬가 있다. 갓 둘레는 백색이고, 톱니상이다. 자실층은 침상 돌기형이고, 돌기의 길이는 0.1~0.4㎝ 정도이며, 대에 붙은 내린형이고, 색깔은 암갈색이다. 조직은 가죽질이고 얇다. 대의 길이는 1~3㎝ 정도이며, 기부는 넓고 표면은 암갈색이다. 포자문은 갈색이고, 포자 모양은 구형이다.

발생 시기 및 장소　여름부터 가을에 침엽수림 내 땅 위에 무리지어 나거나 홀로 발생한다.

식용 가능 여부　식용 여부는 알려져 있지 않다.

분포　한국, 전 세계

　ㄴ 부채형의 갓을 가진 자실체

귀버섯

Crepidotus mollis (Schaeff.) Staude

 분류　담자균문 Basidiomycota | **주름버섯강** Agaricomycetes | 주름버섯목 Agaricales | 땀버섯과 Inocybaceae | 귀버섯속 Crepidotus

형태적 특징 귀버섯의 자실체는 1~5㎝ 정도로 부채형이다. 갓 표면은 초기에 백색이나 성장하면서 연한 황갈색 또는 갈색이 되고 편평하고 매끄러우며, 습하면 점성을 가진다. 주름살은 내린주름살형이고 빽빽하며, 백색에서 갈색으로 변한다. 조직은 백색이며 얇아서 쉽게 부서진다. 대는 거의 없고 갓이 직접 기주에 부착되어 있다. 포자문은 황갈색이며, 포자 모양은 타원형이다.

발생 시기 및 장소 여름부터 가을 사이에 활엽수림의 고사목에 무리지어 발생하며 나무를 분해하는 부후성 버섯이다.

식용 가능 여부 식용 여부는 알려져 있지 않다.

분포 한국, 전 세계

참고 갓이 직접 기주에 부착되어 있다.

└ 주름살이 백색인 자실체

└ 무리지어 발생하는 자실체

노란각시버섯

Leucocoprinus birnbaumii (Corda) Singer

분류 담자균문 Basidiomycota | **주름버섯강** Agaricomycetes | 주름버섯목 Agaricales |
주름버섯과 Agaricaceae | 각시버섯속 Leucocoprinus

형태적 특징 노란각시버섯의 갓은 지름이 2~5㎝ 정도로 난형에서 종형을 거쳐 편평하게 되며 가운데는 볼록하다. 갓 표면은 솜털 같은 인편으로 덮여 있고 노란색이다. 가장자리에는 방사상의 홈선이 있고, 부채살 모양이다. 조직은 노란색이다. 주름살은 끝붙은주름살형이며, 연한 노란색으로 빽빽하다. 대의 길이는 5~8㎝ 정도이며, 아래쪽은 곤봉 모양으로 부풀어 있고, 속은 살이 없어서 비어 있다. 표면은 노란색 가루 모양의 인편으로 덮여 있다. 턱받이는 막질이고 쉽게 탈락한다. 포자문은 백색이며, 포자 모양은 난형이다.

발생 시기 및 장소 여름부터 가을 사이에 정원, 온실, 화분 등에 홀로 또는 무리지어 발생하며, 부생생활을 한다.

식용 가능 여부 식용 여부는 알려져 있지 않다.

분포 한국 등 세계의 열대 또는 아열대 지역에 발생

참고 난 화분이나 실내온실의 부엽토에서 많이 발생하는 버섯이다.

ㄴ 가장자리에 홈선이 있는 갓

ㄴ 빽빽한 주름살

ㄴ 유황색의 면모상 인피가 밀포된 갓

ㄴ 종형의 갓

ㄴ 갓 끝 부위 방사상의 홈선 및 대 기부의 면모상 인피

ㄴ 막질의 턱받이로 쉽게 탈락한다.

ㄴ 면봉형의 어린 자실체

ㄴ 원추형의 갓

ㄴ 원추형의 어린 갓

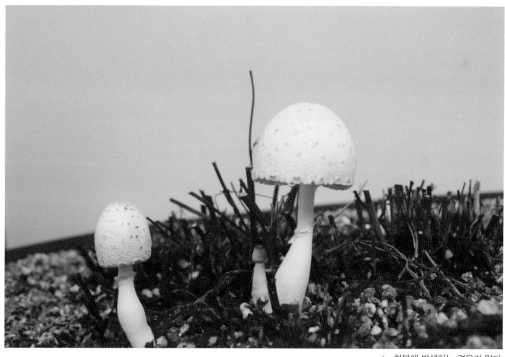

ㄴ 화분에 발생하는 경우가 많다.

불명버섯 **533**

노랑무당버섯

Russula flavida Frost

 분류 담자균문 Basidiomycota | 주름버섯강 Agaricomycetes | 무당버섯목 Russulales |
무당버섯과 Russulaceae | 무당버섯속 Russula

형태적 특징 노랑무당버섯의 갓은 지름이 3~9㎝ 정도로 어릴 때는 반구형이나 성장하면서 편평해지며, 포자를 퍼뜨릴 시기가 되면 갓의 끝 부위는 위로 올라간다. 갓 표면은 매끄럽고, 선황색이며 건성이고, 융단 모양이다. 주름살은 떨어진주름살형 또는 끝붙은주름살형이고, 약간 빽빽하며, 백색이다. 대의 길이는 3~8㎝ 정도이며, 위아래 굵기가 비슷하며, 표면은 분질상이고, 갓과 같은 색이거나 다소 연한 색을 띤다. 대의 속은 점차 비어 간다. 포자문은 백색이며, 포자 모양은 구형이다.

발생 시기 및 장소 여름부터 가을까지 혼합림 내 땅 위에 홀로 발생하는 외생균근성 버섯이다.

식용 가능 여부 식용 여부는 알려져 있지 않다.

분포 한국, 동아시아, 중국, 유럽, 북아메리카

↖ 백색을 띠는 주름살

당귀젖버섯

Lactarius subzonarius Hongo

분류 담자균문 Basidiomycota | **주름버섯강** Agaricomycetes | 무당버섯목 Russulales | 무당버섯과 Russulaceae | 젖버섯속 Lactarius

형태적 특징 당귀젖버섯의 갓은 지름이 2~5㎝ 정도로 초기에는 둥근 산 모양이지만 성장하면 가운데가 오목편평한 모양에서 깔때기 모양으로 되며, 가장자리는 물결 모양으로 안으로 말린다. 갓 표면은 연한 갈색과 갈색 고리무늬가 교대로 나 있다. 조직은 갈색이고, 건조하면 당귀 냄새가 난다. 유액은 백색이며, 맛은 없다. 주름살은 내린주름살형으로 약간 빽빽하고, 연한 홍색이며, 상처가 나면 백색의 유액이 분비되고 연한 갈색으로 변한다. 대의 길이는 2~3㎝ 정도이며, 위아래 굵기가 같고, 속은 해면상이다. 표면은 적갈색이며, 아래쪽에는 연한 황갈색의 거친 털이 있다. 포자문은 연한 황색이며, 포자모양은 유구형이다.

발생 시기 및 장소 여름부터 가을에 혼합림 내 땅 위에 홀로 나거나 무리지어 발생하며, 외생균근성 버섯이다.

식용 가능 여부 식용 여부는 알려져 있지 않다.

분포 한국, 일본

참고 당귀 냄새가 나고, 유액은 갈색으로 변한다.

ㄴ 상처 시 소량의 맑은 유액이 나온다.

ㄴ 노화된 자실체

ㄴ 갈색을 띠며 무리지어 발생하는 자실체

덧부치버섯

Asterophora lycoperdoides (Bull.) Ditmar

 분류 담자균문 Basidiomycota | **주름버섯강** Agaricomycetes | 주름버섯목 Agaricales | 만가닥버섯과 Lyophyllaceae | 덧부치버섯속 Asterophora

형태적 특징 덧부치버섯의 갓은 지름이 1~3㎝ 정도이며, 처음에는 반구형이며 갓 끝이 안쪽으로 말려 있으나 성장하면서 끝이 퍼진다. 갓의 표면은 처음에 백색의 후막포자가 분질물의 형태를 이루고 있으나 후막포자가 성숙하면 갈색으로 변한다. 주름살은 완전붙은주름살형이며, 성글고, 두꺼우며, 백색에서 황백색으로 된다. 대는 1~5㎝ 정도이며 원통형이고, 위아래 굵기가 비슷하며 굽어 있다. 초기에는 속이 차 있으나 성장하면서 속이 비며, 표면은 백색이다. 포자문은 백색이며, 포자 모양은 오이씨 모양이다.

발생 시기 및 장소 여름부터 가을 사이에 젖버섯, 애기무당버섯, 절구버섯 등의 자실체 위에 기생한다.

식용 가능 여부 식용 여부는 알려져 있지 않다.

분포 한국, 북반구 온대 이북

참고 갓과 주름살에 후막포자가 덮여 있으며, 젖버섯 등에 기생한다.

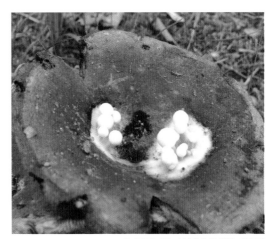

ㄴ 애기무당버섯 자실체에 발생한 어린 갓

ㄴ 절구버섯 갓에 발생한 덧부치버섯

ㄴ 갓의 상단부는 분질상이다.

ㄴ 덧부치버섯에 감염된 절구버섯

ㄴ 다른 자실체 위에 기생하는 덧부치버섯

ㄴ 분질상은 별 모양의 후막포자를 형성한다.

ㄴ 덧부치버섯의 자실체가 발생하기 이전 상태의 애기무당버섯

↰ 절구버섯의 주름살에 발생한 덧부치버섯

복분자버섯

Annulohypoxylon truncatum (Starbäck) Y.M. Ju, J.D. Rogers & H.M. Hsieh

 분류 자낭균문 Ascomycot | **동충하초강** Sordariomycetes | 콩꼬투리버섯목 Xylariales |
콩꼬투리버섯과 Xylariaceae | 복분자버섯속 Annulohypoxylon

↳ 매우 작고 원형인 관공

🍄 **형태적 특징**　복분자버섯은 지름이 0.5~1㎝ 정도이고, 구형 또는 반구형이다. 표면은 오디처럼 생겼으며, 검은색을 띠고, 기주에서 쉽게 분리되지 않는다. 자낭포자는 불규칙한 타원형이며, 흑갈색이다.

🍄 **발생 시기 및 장소**　활엽수의 가지나 고목에서 목재를 썩히며 무리지어 발생한다.

🍄 **식용 가능 여부**　식용 여부는 알려져 있지 않다.

🍄 **분포**　한국, 일본, 유럽, 북아메리카

🍄 **참고**　버섯은 작고 검은색이며 나무에 잘 부착되어 있어 표피가 썩은 것으로 착각하기 쉽다.

↳ 자실체는 성숙하면 오디와 유사한 자좌가 있다.

붉은말뚝버섯

Phallus rugulosus Lloyd

 분류　담자균문 Basidiomycota | **주름버섯강** Agaricomycetes | 말뚝버섯목 Phallales |
말뚝버섯과 Phallaceae | 말뚝버섯속 Phallus

형태적 특징 붉은말뚝버섯의 자실체는 어릴 때 백색의 알 속에 싸여 있다. 알의 크기는 2~3㎝ 정도이며, 백색 또는 연한 자색을 띤다. 자실체가 성숙하면 머리와 대가 나와 높이 10~15㎝ 정도가 된다. 머리는 대의 위쪽에 있는데 1~3㎝ 정도이며, 긴 종 모양이고 짙은 적갈색이며, 표면은 위아래로 주름이 있으며, 그 속에 검은 적색의 기본체가 있고, 흑갈색의 점액이 나오는데 심한 악취가 난다. 대의 기부는 백색이고, 위쪽은 분홍색 또는 흑갈색이며, 원통형이다. 대의 속은 비어 있으며, 표면에는 그물 모양으로 홈이 파여 있다. 기부에는 대주머니가 있다. 포자는 긴 타원형이다.

발생 시기 및 장소 여름부터 가을까지 산림 내 부식질이 많은 땅 위, 활엽수의 그루터기 등에 홀로 나거나 무리지어 발생하며, 부생생활을 한다.

식용 가능 여부 식용 여부는 알려져 있지 않다.

분포 한국, 대만, 동남아시아

ㄴ 흑갈색의 점액에 포자를 가지고 있는 자실체

백색의 알에서 나온 자실체 🎵

백색의 알이 무리지어 있다. 🎵

ㄴ 알 속에 있는 어린 자실체

ㄴ 긴 종 모양의 짙은 적갈색의 갓

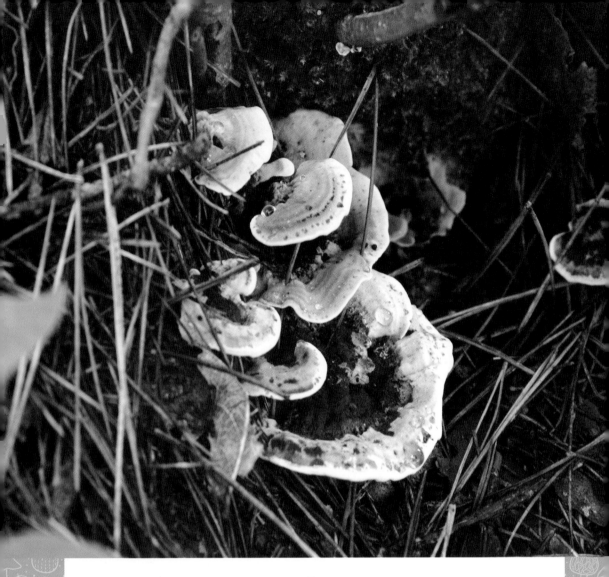

살쾡이버섯 _(구: 살팽이버섯)

Phellodon melaleucus (Sw. ex Fr.) P. Karst.

🍄 **분류** 담자균문 Basidiomycota | **주름버섯강** Agaricomycetes | 사마귀버섯목 Thelephorales | 노루털버섯과 Bankeraceae | 살쾡이버섯속 Phellodon

형태적 특징 살쾡이버섯 갓의 지름은 2~5㎝ 정도이며, 부정원형 또는 오목 편평형이다. 갓 표면은 매끄럽고, 비단상 광택이 있으며, 회자색 또는 흑색이나 갓 둘레는 백색이다. 조직은 얇고 가죽질이며, 적자색 또는 흑색이다. 자실층의 침상 돌기는 0.05~0.1㎝ 정도이며, 처음에는 백색이나 점차 회자색이 된다. 대의 길이는 1~2㎝ 정도로 위쪽이 굵고, 표면은 매끄럽고 흑색이다. 포자문은 백색이며, 포자 모양은 구형이다.

발생 시기 및 장소 여름과 가을에 침엽수, 혼합림 내 땅 위에 무리지어 나거나 홀로 발생한다.

식용 가능 여부 식용 여부는 알려져 있지 않다.

분포 한국, 일본, 유럽, 북아메리카

↳ 가죽처럼 질긴 자실체

↳ 자실층은 짧은 침상 돌기로 이루어져 있다.

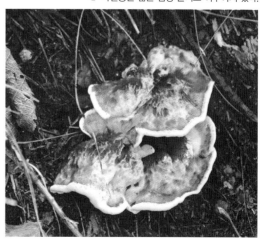

↳ 갓은 회자색이며 끝은 백색을 띤다.

삼색도장버섯

Daedaleopsis tricolor (Bull.) Bondartsev & Singer

 분류 담자균문 Basidiomycota | **주름버섯강** Agaricomycetes | 구멍장이버섯목 Polyporales |
구멍장이버섯과 Polyporaceae | 도장버섯속 Daedaleopsis

형태적 특징 삼색도장버섯의 갓은 지름이 2~8㎝이며, 두께는 0.5~0.8㎝ 정도이고, 반원형 또는 편평한 조개껍데기 모양이다. 갓 표면은 흑갈색이나 다갈색 또는 자갈색 등의 좁은 고리 무늬와 방사상의 미세한 주름이 있다. 조직은 회백색 또는 백황색이며, 가죽처럼 질기다. 갓 밑면의 자실층은 방사상으로 배열된 주름상이며, 주름살날은 불규칙한 톱니 모양이고, 처음에는 회백색이나 점차 회갈색으로 된다. 대는 없고, 갓의 한 끝이 기주에 부착되어 있다. 포자문은 백색이고, 포자 모양은 원통형이다.

발생 시기 및 장소 1년 내내 고목이나 죽은 나무에 무리지어 발생하며, 부생 생활로 목재를 썩힌다. 여러 개가 기왓장 모양으로 겹쳐서 발생한다.

식용 가능 여부 목재부후균으로 목재를 분해하여 자연으로 환원시킨다. 견고성이 없고 작아서 식용 가치가 없다.

분포 한국, 전 세계

참고 북한명은 밤색주름조개버섯이다. 관공이 주름살 형태이지만 구멍장이버섯과에 속한다.

ㄴ 가죽처럼 질긴 조직을 가지고 있다.

ㄴ 포자 형성층인 갓 아랫면

ㄴ 자실층은 방사상으로 배열된 주름상이다.

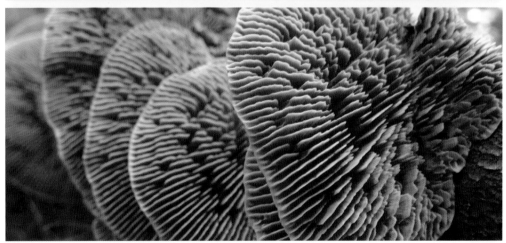

↖ 웃자라서 자실층이 주름상으로 길게 내려온다.

�∟ 갓이 흑갈색을 띤 미세한 주름이 있는 자실체

�∟ 복생하는 자실체

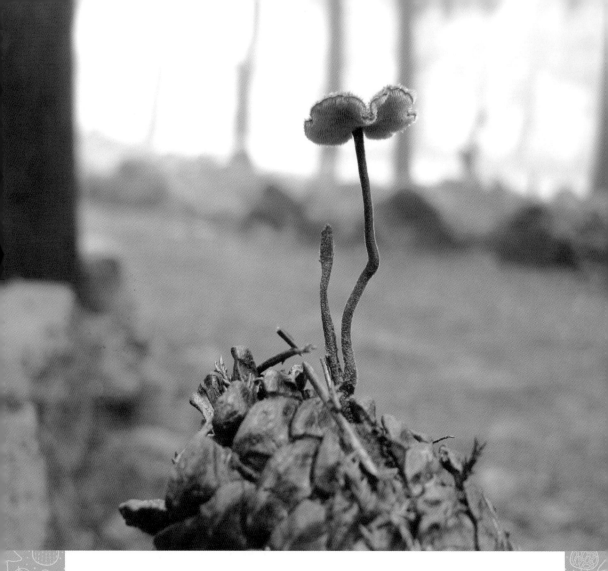

솔방울털버섯

Auriscalpium vulgare Gray

🍄 분류　담자균문 Basidiomycota | 주름버섯강 Agaricomycetes | 무당버섯목 Russulales | 솔방울털버섯과 Auriscalpiaceae | 솔방울털버섯속 Auriscalpium

ㄴ 자실층은 침 모양이다.

ㄴ 갓 표면에 갈색의 털이 덮여 있다.

형태적 특징 솔방울털버섯 갓의 지름은 1~3㎝ 정도이고, 신장형으로 측면에 대가 있다. 표면은 진한 갈색 바탕에 갈색의 털이 덮여 있으며, 조직은 단단하고, 밝은 갈색을 띤다. 자실층은 침상 돌기형이고, 길이가 0.1~0.4㎝ 정도이며, 초기에는 백색이지만 성장하면서 담갈색 또는 회갈색으로 변한다. 대의 길이는 2~5㎝ 정도이며, 진한 갈색이고, 미세한 털이 전체에 덮여 있다.

발생 시기 및 장소 여름부터 가을에 땅에 떨어진 솔방울 위에 한두 개씩 발생한다.

식용 가능 여부 식용 여부는 알려져 있지 않다.

분포 한국, 전 세계

참고 제주도에서는 솔방울과 삼나무 열매에서도 발생했다는 기록이 있다.

ㄴ 신장형의 갓

ㄴ 자실층은 침상 돌기형

신알광대버섯

Amanita neo-ovoidea Hongo

 분류 담자균문 Basidiomycota | **주름버섯강** Agaricomycetes | 주름버섯목 Agaricales | 광대버섯과 Amanitaceae | 광대버섯속 Amanita

ㄴ 알 모양의 어린 자실체 　　　　ㄴ 백색의 턱받이 흔적이 있는 대

형태적 특징　신알광대버섯의 갓은 지름이 8~15㎝ 정도로 처음에는 구형이나 성장하면서 반구형을 거쳐 오목편평형이 된다. 갓 표면은 백색으로 분말상이나 후에 연한 황갈색의 외피막 흔적이 큰 인편으로 갓 위에 펼쳐지고, 갓 끝에는 내피막의 흔적이 남아있다. 조직은 백색이나 상처를 주면 황색으로 변색된다. 주름살은 떨어진주름살형이고, 빽빽하며, 백색 또는 연한 황색이다. 대의 길이는 10~20㎝ 정도이며, 백색의 분질상 턱받이 흔적이 있다. 대 아래는 황색의 사마귀 모양의 인편이 붙어 있고, 속은 차 있다. 포자문은 백색이고, 포자 모양은 타원형이다.

발생 시기 및 장소　여름부터 가을에 활엽수림, 침엽수림의 지상에 홀로 나거나 무리지어 발생한다.

식용 가능 여부　식용 여부는 알려져 있지 않다.

분포　한국, 일본

어린 자실체 ↗

큰 인편의 외피막 흔적이 갓 위에 나타난 자실체 ↗

외피막 흔적이 남아있는 자실체 ↗

갓 끝에 있는 내피막의 잔유물 ↗

ㄴ 백색 분말로 덮인 어린 자실체　　　　　　　　　　ㄴ 대에서 떨어진 주름살로 빽빽한 주름살

ㄴ 무리지어 발생하는 자실체

용종버섯 _(구: 꽃방패버섯)

Polypus dispansus (Lloyd) Audet

 분류 담자균문 Basidiomycota | **주름버섯강** Agaricomycetes | 무당버섯목 Russulales |

미확정과 Incertae sedis | 용종버섯속 Polypus

🍄 **형태적 특징** 용종버섯은 높이 5∼15㎝, 너비 5∼15㎝ 정도의 잎새버섯형이다. 작은 잎 모양의 갓이 수없이 집합하여 부채형 또는 반원형을 이루고 있다. 표면은 황색이고, 미세한 인편이 있고, 갓 끝은 불규칙한 파도형이다. 관공은 길이 0.1㎝ 정도로 백색이고, 관공구는 매우 작고, 원형 또는 부정형이다. 대는 짧고 뭉툭하며, 회황색이고, 갈라져 있거나 불규칙한 홈이 있다. 포자문은 백색이며, 포자 모양은 구형이다.

🍄 **발생 시기 및 장소** 늦여름부터 가을까지 혼합림 내 땅 위에 홀로 나거나 무리지어 발생한다.

🍄 **식용 가능 여부** 식용 여부는 알려져 있지 않다.

🍄 **분포** 한국, 일본, 북아메리카

ㄴ 작은 갓이 모여서 부채형을 이루는 자실체   ㄴ 매우 작고 원형인 관공

이끼버섯

Rickenella fibula (Bull.) Raithelh.

 분류 담자균문 Basidiomycota | **주름버섯강** Agaricomycetes | 소나무비늘버섯목 Hymenochaetales | 이끼버섯과 Repetobasidiaceae | 이끼버섯속 Rickenella

형태적 특징 이끼버섯의 갓은 지름이 0.4~1.5㎝ 정도로 처음에는 종형 또는 반구형이나 성장하면서 가운데가 오목한 편평형이 된다. 갓 표면은 등황색 또는 등황적색이며, 가운데는 진한 색을 띠고, 가장자리는 연한 색을 띤다. 갓 가장자리는 성숙하면 파상형의 무늬가 나타나며, 건조하면 건성이나 습하면 점성이 있고, 반투명선이 나타난다. 주름살은 내린주름살형이고, 성기고, 연한 황색이다. 조직은 연약해서 쉽게 부서진다. 대의 길이는 2~5㎝ 정도이며, 연한 황색을 띠고, 속은 비어 있다. 포자문은 백색이며, 포자 모양은 긴 타원형이다.

발생 시기 및 장소 봄부터 가을 사이에 숲 속이나, 정원 등 이끼가 많은 곳에 홀로 또는 무리지어 발생한다.

식용 가능 여부 식용 여부는 알려져 있지 않다.

분포 한국, 북반구 온대

참고 매우 아름다운 버섯 중 하나이며, 이끼가 잘 자라는 환경에서 볼 수 있는 버섯이다.

↰ 긴 대를 갖는다.

↰ 자실층은 내린주름살

ㄴ 갓 중앙부는 오목해진다.

ㄴ 가운데는 진한 색을 띠고, 가장자리는 연한 색을 띠는 갓

ㄴ 갓 표면에 나타난 반투명 홈선

ㄴ 성근 주름살

ㄴ 파상형의 갓

ㄴ 연한 황색의 대

등황색의 갓

이끼와 공생하는 자실체

장미자색구멍버섯

Abundisporus roseoalbus (Jungh.) Ryvarden

 분류　담자균문 Basidiomycota | **주름버섯강** Agaricomycetes | 구멍장이버섯목 Polyporales |
구멍장이버섯과 Polyporaceae | 자색구멍버섯속 Abundisporus

활엽수의 고목에 발생한 자실체

대가 없고 기주에 부착한다.

형태적 특징 장미자색구멍버섯은 갓이 5~10㎝, 높이가 5~8㎝ 정도이고, 표면은 회갈색 또는 자홍색이며, 동심원상 둥근 무늬가 있다. 갓 둘레의 성장 부위는 연한 분홍색을 띠며, 조직은 단단한 코르크질이다. 대는 없고 기주에 붙어 생활한다. 관공은 원형 또는 타원형이며, 연한 자주색 또는 연분홍색을 띠고, 관공구는 0.1㎝에 1~3개가 있다. 포자문은 백색이고, 포자 모양은 원통형이다.

발생 시기 및 장소 여름부터 가을까지 활엽수의 고목 껍질에 무리지어 발생하며, 부생생활로 목재를 썩힌다.

식용 가능 여부 식용 여부는 알려져 있지 않다.

분포 한국, 전 세계

코르크질의 단단한 조직을 가진 자실체

관공은 연한 자색을 띤다.

접시버섯

Scutellinia scutellata (L.) Lamb.

 분류 자낭균문 Ascomycota | **주발버섯강** Pezizomycetes | 주발버섯목 Pezizales |
틸접시버섯과 Pyronemataceae | 접시버섯속 Scutellinia

형태적 특징 접시버섯의 자실체는 지름이 0.5~1㎝의 작은 접시 모양이며, 조직은 부드럽고 두께는 0.1㎝ 정도이다. 버섯의 아랫면은 밝은 주홍색이고, 가장자리에는 흑갈색의 속눈썹 같은 뻣뻣한 털이 있다. 대는 없다. 포자문은 백색이며, 포자 모양은 긴 타원형이다.

발생 시기 및 장소 여름부터 가을까지 썩은 나무, 쓰러진 나무 또는 부식질이 많은 땅 위에 무리지어 발생한다.

식용 가능 여부 식용 여부는 알려져 있지 않다.

분포 한국, 전 세계

참고 자낭균류로 버섯(자낭반)의 가장자리 주위에 속눈썹 같은 검은 털이 있다.

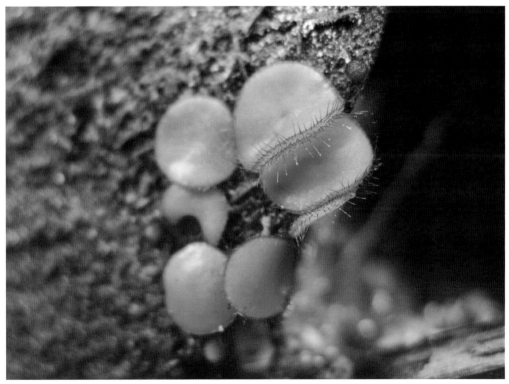

└ 가장자리에 속눈썹 같은 털을 가지고 있는 자실체

제주쓴맛그물버섯

Tylopilus neofelleus Hongo

 분류 담자균문 Basidiomycota | **주름버섯강** Agaricomycetes | 그물버섯목 Boletales |
그물버섯과 Boletaceae | 쓴맛그물버섯속 Tylopilus

형태적 특징 제주쓴맛그물버섯의 갓은 지름이 5~11㎝ 정도로 처음에는 반구형이나 성장하면서 편평형이 된다. 갓 표면은 약간 융단상이며, 자갈색 또는 자홍갈색을 띤다. 조직은 두껍고 단단하며, 백색이고, 맛은 아주 쓰다. 관공은 끝붙은관공형 또는 떨어진관공형이고, 처음에는 백색이나 성장하면서 연한 분홍색이 된다. 관공구는 다각형이고 처음에는 연한 분홍색 또는 자주색을 띤다. 대의 길이는 4~10㎝ 정도이며, 아래쪽이 굵고 갓과 같은 색이다. 대 위쪽에는 망목형의 선이 있고, 조직은 백색이다. 포자문은 연한 분홍색이며, 포자 모양은 타원형이다.

발생 시기 및 장소 여름부터 가을 사이에 혼합림의 땅 위에 홀로 발생하며, 부생생활을 한다.

식용 가능 여부 식용 여부는 알려져 있지 않으나 쓴맛이 강하므로 먹는 사람은 없다.

분포 한국, 일본, 오스트레일리아

ㄴ 대 아래쪽이 굵고 자홍갈색을 띤다.

ㄴ 아래쪽이 굵고 갓과 같은 색인 대

ㄴ 갓 표면이 융단상인 자실체

반구형의 갓 ↗

홍갈색의 갓 표면 ↗

연한 분홍색을 띤 관공 ↗

두껍고 단단한 조직 ↗

ㄴ 융단상의 갓 표면

ㄴ 백색의 조직

ㄴ 대의 상단부에 방목형의 선이 있다.

ㄴ 관공은 처음에는 백색이나 포자가 성장하면 연분홍색을 띤다.

좀노란밤그물버섯

Boletellus obscurecoccineus (Höhn.) Singer

 분류 담자균문 Basidiomycota | **주름버섯강** Agaricomycetes | 그물버섯목 Boletales |
그물버섯과 Boletaceae | 밤그물버섯속 Boletellus

형태적 특징 좀노란밤그물버섯의 갓은 지름이 3~7㎝ 정도로 처음에는 반반구형이나 성장하면서 편평형이 된다. 갓 표면은 미세한 솜털상 또는 미세한 인편으로 가늘게 갈라져 있으며, 자홍색 또는 적등색이다. 조직은 연한 황색인데 상처가 생기면 약간 청색으로 변하며, 쓴맛이 난다. 관공은 떨어진관공형이고, 연한 황색 또는 녹황색이다. 관공구는 약간 다각형이며, 황색이다. 대의 길이는 3~13㎝ 정도이며, 위아래 굵기가 비슷하거나 아래쪽이 다소 굵다. 대의 표면에 섬유질의 세로선이 있고, 종종 위쪽에 비늘상 인편이 빽빽하게 분포되어 있으며, 백색 또는 분홍색을 띠고, 기부에는 백색 균사가 있다. 포자문은 녹갈색이며, 포자 모양은 긴 타원형이다.

발생 시기 및 장소 여름부터 가을 사이에 활엽수림, 침엽수림 내 땅 위에 홀로 발생하며, 부생생활을 한다.

식용 가능 여부 식용 여부는 알려져 있지 않다.

분포 한국, 일본, 오스트레일리아, 아프리카

ㄴ 갓 표면에 솜털상 인편이 있다.

ㄴ 반구형의 갓

ㄴ 관공은 연황색 또는 녹황색을 띤다.

종버섯

Conocybe tenera (Schaeff.) Fayod

🍄 **분류** 담자균문 Basidiomycota | **주름버섯강** Agaricomycetes | 주름버섯목 Agaricales |
소똥버섯과 Bolbitiaceae | 종버섯속 Conocybe

형태적 특징 종버섯의 갓은 지름이 2~4㎝ 정도로 원추형이거나 종형이며, 황토색을 띤다. 갓 표면은 매끄럽고, 습하면 반투명선이 나타나고, 건조하면 색이 변하는 현상이 일어나서 연한 황색으로 된다. 조직은 거의 없으며 쉽게 부서진다. 주름살은 끝붙은주름살형으로 조금 빽빽하며, 초기에는 백색이나 점차 갈색이 된다. 대의 길이는 5~9㎝ 정도이며, 가늘고 길며, 위아래 굵기는 비슷하다. 대 표면에는 세로줄 모양의 분질물이 있으며, 백색 또는 연한 갈색을 띠며, 속이 비어 있어서 쉽게 부러진다. 포자문은 연한 황갈색이며, 포자 모양은 타원형이다.

발생 시기 및 장소 여름부터 가을 사이에 잔디밭, 길가, 풀밭 등에 홀로 또는 흩어져 발생한다.

식용 가능 여부 식용 여부는 알려져 있지 않다.

분포 한국, 전 세계

└ 부식질이 많은 토양에 발생

└ 원주형의 갓을 가진 자실체

└ 주름살은 갈색을 띤다.

찐빵버섯 (구명: 흰찐빵버섯)

Kobayasia nipponica (Kobayasi) S. Imai & A. Kawam.

 분류 담자균문 Basidiomycota | **주름버섯강** Agaricomycetes | 말뚝버섯목 Phallales | 말뚝버섯과 Phallaceae | 찐빵버섯속 Kobayasia

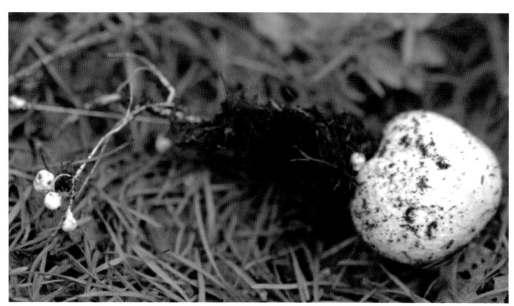

└ 하부에 뿌리 모양의 균사가 있다.

형태적 특징　찐빵버섯의 자실체는 지름이 3∼7㎝ 정도이며, 위쪽이 눌린 공 모양이고 표면은 연한 회백색의 얇은 외피로 덮여 있으며 기부의 한쪽 끝에서 뿌리를 내린다. 내부의 기본체는 중심부에서 방사상으로 늘어진 타원형 구획으로 갈라져 그 사이에 젤라틴질이 차 있으나, 액화 후 중심부는 비게 된다. 타원형의 기본체는 검은 녹색의 연골질이며, 자실층은 기본체의 작은 방 내벽에 형성된다. 포자는 검은 녹색이며, 타원형이다.

발생 시기 및 장소　여름부터 가을에 활엽수림의 땅 위에 홀로 발생하며, 부생생활을 한다.

식용 가능 여부　식용 여부는 알려져 있지 않다.

분포　한국, 일본

참고　자실체를 자르면 올리브색을 띤 창자 모양의 기본체가 부정형으로 나열되어 있는 것이 특징이다.

내부에는 젤라틴이 있고 기본체는 녹색의 방이 있다. ↗

포자는 녹색의 방 벽에 형성된다. ↗

치마버섯

Schizophyllum commune Fr.

 분류 담자균문 Basidiomycota | **주름버섯강** Agaricomycetes | 주름버섯목 Agaricales | 치마버섯과 Schizophyllaceae | 치마버섯속 Schizophyllum

형태적 특징 치마버섯의 갓은 지름이 1~3㎝ 정도로 부채형 또는 치마 모양이며, 표면은 백색, 회색 또는 회갈색의 거친 털이 빽빽이 나 있으며, 갓 둘레는 주름살의 수만큼 갈라져 있다. 조직은 가죽처럼 질기고, 건조하면 움츠러들지만 비가 와서 물을 많이 먹으면 회복된다. 주름살은 백색 또는 회백색을 띠며, 주름살 끝은 부드럽고 이중으로 이루어져 있다. 대는 없고 갓의 일부가 기주에 부착한 상태로 생활한다. 포자문은 백황색이고, 포자 모양은 원통형이다.

발생 시기 및 장소 사계절 내내 고사목 또는 살아 있는 나무껍질 등에 무리지어 나거나 겹쳐서 발생하며, 나무를 분해하는 부후성 버섯이다.

식용 가능 여부 식용 여부는 알려져 있지 않으며 항종양제의 약용으로 이용하는 경우는 있다.

분포 한국, 전 세계

참고 중국 윈난성 지방에서는 건강에 매우 좋아 '백삼'이라 부른다.

↳ 갓 표면에 거친 털이 나 있다.

↳ 대는 없고 갓의 일부가 기주에 부착하여 생활

↳ 갓 끝이 모두 갈라진 오래된 자실체

↳ 털이 빽빽하게 나 있는 갓 표면

↳ 대는 거의 없고 갓의 일부가 대에 부착한다.

↳ 부드럽고 이중으로 주어진 주름살 끝

↳ 조직은 가죽질로 딱딱하다.

ㄴ 회백색의 주름살

ㄴ 건조한 자실체는 움츠러들고 비가 오면 다시 펼쳐진다.

ㄴ 주름살은 이중으로 이루어져 있고 습하면 갈라져서 포자를 비산한다.

콩버섯

Daldinia concentrica (Bolton) Ces. & De Not.

분류　　자낭균문 Ascomycota | **동충하초강** Sordariomycetes | 콩꼬투리버섯목 Xylariales |

콩꼬투리버섯과 Xylariaceae | 콩버섯속 Daldinia

목탄질로 포자를 비산한 노숙한 자실체 ♪

딱딱한 콩 모양의 어린 자실체 ♪

🍄**형태적 특징** 콩버섯은 지름이 1~2㎝ 정도이고, 구형 또는 반구형이며, 불규칙한 혹 모양이고, 여러 개가 모여서 크게 뭉쳐지기도 한다. 표면은 흑갈색 또는 검은색이며, 목탄질로 단단하고, 포자가 방출되면 흑색의 포자로 덮이게 된다. 안쪽은 회갈색 또는 어두운 갈색이고, 미세한 선이 보이는 섬유질이며, 나이테 모양의 검은 환 무늬가 있다. 자낭포자는 넓은 타원형이다.

🍄**발생 시기 및 장소** 여름에서 가을까지 활엽수의 고목이나 그루터기에서 목재를 썩히며 무리지어 발생한다.

🍄**식용 가능 여부** 식용 여부는 알려져 있지 않다.

🍄**분포** 한국, 전 세계

🍄**참고** 콩버섯의 종단면을 보면 여러 개의 환 무늬가 있다.

↳ 표면에 검은색의 포자가 있는 자실체

↳ 불규칙한 혹 모양의 자실체

↳ 목탄질의 오래된 버섯

↳ 오래되어 잡균에 오염된 자실체

↳ 포자는 검은색을 띤다.

↳ 쪼개면 나이테 모양의 환문이 있다.

ㅋ

털가죽버섯

Crinipellis scabella (Alb. & Schwein.) Murrill

 분류 담자균문 Basidiomycota **| 주름버섯강** Agaricomycetes **| 주름버섯목** Agaricales **|**
낙엽버섯과 Marasmiaceae **| 털가죽버섯속** Crinipellis

↖ 갓 중앙부에는 진한 갈색의 털이 있고 갓 둘레는 환문을 이룬다.

형태적 특징 털가죽버섯 갓의 지름은 0.7~1.4㎝ 정도이며, 초기에는 반구형이나 성장하면서 볼록평반구형이 된다. 갓 표면은 건성이고, 중앙부에는 진한 갈색의 털이 있으며, 갓 둘레는 광택이 있는 갈색 털이 환문을 이루고 있다. 주름살은 백색으로 떨어진주름살형이다. 대의 길이는 2~4.5㎝, 굵기는 9.1㎝ 정도이며, 어두운 갈색이고, 짧은 털로 덮여 있다. 포자문은 백색이며, 포자 모양은 난형이다.

발생 시기 및 장소 봄에서 가을 사이에 초원, 정원의 화본과 식물의 줄기 등에 홀로 나거나 무리지어 발생한다.

식용 가능 여부 식용 여부는 알려져 있지 않다.

분포 한국, 북반구 일대

주름살은 떨어진주름살형 ↗

화본과 식물의 줄기에 자생하는 자실체 ↗

E

톱니겨우살이버섯

Coltricia cinnamomea (Jacq.) Murrill

 분류　담자균문 Basidiomycota | **주름버섯강** Agaricomycetes | 소나무비늘버섯목
Hymenochaetales | 소나무비늘버섯과 Hymenochaetaceae | 겨우살이버섯속 Coltricia

관공은 황갈색이며 관공구는 다각형이며 크다. ↗

형태적 특징　톱니겨우살이버섯의 갓은 지름이 3~5㎝ 정도이고, 버섯 높이는 2~5㎝ 정도이며, 깔때기형이다. 갓 표면은 적갈색 또는 황갈색이며, 방사상의 섬유 무늬와 둥근 무늬의 테두리가 있고, 광택이 난다. 갓 둘레는 톱니상이고, 조직은 얇고 가죽질이며, 적갈색을 띤다. 관공은 0.1~0.2㎝ 정도이며, 황갈색 또는 암갈색을 띤다. 관공구는 다각형이며, 0.1㎝ 내에 2~3개 정도가 있다. 대의 길이는 1~4㎝ 정도이며, 원통형이며, 가운데 있다. 대의 표면은 흑갈색이며, 기부는 다소 굵다. 포자문은 백색이며, 포자 모양은 타원형이다.

발생 시기 및 장소　여름과 가을에 침엽수가 많은 혼합림 내 땅 위에 무리지어 나거나 홀로 발생한다.

식용 가능 여부　식용 여부는 알려져 있지 않다.

분포　한국, 전 세계

ㄴ 깔때기형의 자실체

ㄴ 둥근 무늬의 테두리가 있는 갓

ㄴ 방사상의 섬유 무늬가 있고 깔때기형을 이룬 자실체

흰애주름버섯

Mycena alphitophora (Berk.) Sacc.

 분류   담자균문 Basidiomycota | **주름버섯강** Agaricomycetes | 주름버섯목 Agaricales |
애주름버섯과 Mycenaceae | 애주름버섯속 Mycena

↳ 분질물이 많고 연약해서 잘 부러지는 긴 대   ↳ 원형의 어린 갓

형태적 특징 흰애주름버섯의 갓은 지름이 0.5~1㎝ 정도로 처음에는 반구형 또는 반 반구형이나 성장하면서 편평형으로 되며, 종종 갓 끝은 물결 모양을 이루거나 반전된 다. 갓 표면은 백색이고, 백색 분말이 덮여 있으며, 방사상 홈선이 있다. 주름살은 끝붙 은주름살형 또는 떨어진주름살형이고, 성글며 백색이다. 대의 길이는 2~4㎝ 정도이 며, 가늘고 길며, 연약해서 쉽게 부러진다. 대의 속은 비어 있고, 표면에는 백색 분질물 이 붙어 있으며 투명하다. 포자문은 백색이고, 포자 모양은 타원형이다.

발생 시기 및 장소 여름에 낙엽, 떨어진 가지, 썩은 뿌리 등에 홀로 또는 무리지어 발 생한다.

식용 가능 여부 식용 여부는 알려져 있지 않다.

분포 한국, 동아시아, 유럽, 북아메리카

부록

- 버섯 용어해설
- 학명 찾아보기
- 한국명 찾아보기
- 참고 문헌

버섯 용어 해설

가근(假根, rhizoid) 버섯류의 대 기부 또는 특정 조류 등에서 엽상체의 한 부분을 이루는 단세포 또는 다세포성으로 가는 실뿌리를 닮은 구조이다. 가근은 기질에 부착 또는 물질의 흡수 기관으로서의 역할을 한다.

가는조개껍질형(세조개껍질형, crenulate) 갓 끝 또는 주름살 끝이 가리비 조개껍질처럼 규칙적으로 굴곡이 진 상태로 조개껍질형보다 잘고 가늘다.

각피(殼皮, cuticle) 갓이나 대의 가장 바깥쪽의 외피.

갈빗살형(兩側形, 左右同形, bilateral, divergent) 주름살을 위에서 아래로 직각으로 잘라서 현미경으로 관찰하면 자실층의 균사조직이 중앙의 평행균사에서 양 바깥쪽으로 일정한 간격으로 비스듬히 나열되어 있는 상태.

갈색부후균(褐色腐朽菌, brown rotting fungi) 목질부후균으로서 주로 목질의 셀룰로스를 분해하여 목질부를 점차 갈색으로 변화시키는 균.

강모체(剛毛體, seta) 끝이 뾰족한 작살 또는 빳빳한 털 모양으로 암황갈색~갈색이나 KOH 용액에서 암갈색~흑색을 띠는 시스티디아의 일종.

깔때기형(infundibuliformis, funnel-shaped) 갓의 가운데가 깊게 들어가 깔때기 모양으로 된 것.

격막(隔膜, septum) 균류에서 균사의 내부에 있는 가로막으로, 고등 균류의 특징이기도 하다.

결합균사(結合菌絲, binding hyphae) 세포벽은 두껍고 좁으며 부정형~산호형으로 많은 분지가 있고 격막이 없는 균사.

곤봉형(棍棒形, clavate) 대 또는 시스티디아의 모양이 한쪽으로만 굵어져 곤봉 모양을 이루는 것.

곤충기생균(昆蟲寄生菌, entomopathogenic fungi) 곤충에 병원성을 가지는 균으로, 대개의 경우 기주를 죽게 만든다.

골격균사(骨格菌絲, skeletal hyphae) 세포벽은 두껍고 분지가 없거나 적으며, 격막이 없고 비교적 곧으며 약간 유연성이 있는 균사.

공생(共生, mycorrhizae) 수목이나 식물의 뿌리에 기생하여 상호 도움을 주면서 살아가는것.

관공(管孔, tube) 갓의 하면에 포자 형성 기관이 주름살 대신 관공 모양으로 되어 있다(일부 민주름버섯목 그물버섯 등).

괴근상(塊根狀, bulbous) 대의 기부가 팽대되어 양파 모양으로 된 것.

구형(求刑, globose, spherical) 갓이나 자실체 또는 포자가 공 모양으로 둥근 것.

균륜(菌輪, fairyring) 버섯이 매년 중심부에서 차차 바깥쪽으로 동심원을 형성하면서 발생하는 것.

군생(群生, gregarious) 버섯이 한 장소에서 무리지어서 발생하는 것.

균사(菌絲, hypha) 영양생장기관으로 가늘며 긴 실 모양의 기관.

균사조직(菌絲組織, 菌絲層, trama) 버섯의 자실체를 이루고 있는 불임성의 균사조직으로서 근본적으로 원통형의 균사로 구성되어 있으며 격막(septa)에 의해서 세포가 나누어진다. 현미경적 개념의 용어이다.

근상균사속(根狀菌絲束, rhizomorph) 세포벽이 두껍고 불임성의 균사 다발로서 대 기부에 발달하여 넝쿨 모양으로 길게 뻗어난 것.

균핵(菌核, sclerotium) 균사 상호간에 엉퀴고 밀착되어 있는 균사조직으로, 불리한 환경에도 저항성을 가지는 일종의 휴면 기관.

기본체(基本體, gleba) 자실체 내부에서 포자를 형성하는 기본 조직으로서 복균류에서 볼 수 있음.

기주(寄主, host) 버섯이 발생할 수 있는 기질로서 식물, 동물 등이다.

기주 특이성(寄主特異性, host specificity) 주어진 기생균이 제한된 기주에만 공생, 부생 전염 또는 병원성을 가지는 것.

깃(collar) 대의 상단 부위에 둘러져 있는 반지 모양의 구조.

난형(卵形, ovoid) 포자 또는 어린 자실체가 달걀 모양을 이룬 것.

다년생(多年生, perennial) 자실체가 다년간에 걸쳐 생육하는 것.

다발생(多發生, fasciculate) 자실체가 다발(bundle)로 발생하는 것.

다핵균사(多核菌絲, coenocytic hypha) 균사에 격막이 없어 다수의 핵들이 세포질 속에 그대로 존재하는 균사.

단생(單生, solitary) 버섯이 하나씩 발생하는 것.

담자균(擔子菌, basidiomycetes) 고등균류 중 완전세대를 거친 담자포자를 담자기에 형성하는 균의 총칭.

담자기(擔子器, basidium) 담자균류에 있어서 담자포자를 형성하는 곤봉 모양의 미세 구조.

담자뿔(小甁, sterigmata) 담자기의 상단에 형성되는 뿔 모양의 돌기로 4개 또는 2개씩 형성되며, 그 위에 담자포자를 하나씩 형성한다.

담자포자(擔子胞子, basidiospore) 담자균류의 담자기 내에서 감수분열한 후 담자기 외부에 형성되는 포자.

대(柄, stipe) 자실체의 줄기에 해당되는 부위로, 머리를 받쳐 지탱해주는 부분.

대주머니(volva) 어린 버섯을 싸고 있던 외피막이 버섯의 생장에 따라 찢어져 대 기부에 막질의 주머니를 형성하는 것.

돌기선(突起線, tubercula-striate) 갓 표면의 선 위에 돌기가 형성되는 것.

두부(頭部, head) 대의 끝 부위가 상부 쪽이 머리 모양으로 팽대한 것(말뚝버섯, 말불버섯).

두상(頭狀, 유두상, capitate) 정단 부위가 둥글고 머리 모양인 것(주로 시스티디아).

둔거치형(鈍鋸齒形, 무딘톱니꼴, 조개껍질형, crenate) 갓 끝 또는 주름살의 날이 가리비 조개껍질의 끝과 같이 규칙적으로 굴곡이 진 상태.

막질(膜質, membranous) 얇은 막으로 형성된 것.

망목상(網木狀, reticulate) 갓이나 대 표면에 나타나는 그물 모양의 구조.

맥관연락(脈管連絡, 融合, 吻合, 側肝脈, anastomoses) 주름살, 이랑이나 엽맥과 엽맥의 사이를 연결하는 cross-connection이다. 포자 표면의 날개(wing)와 날개 사이 또는 균사 사이에 나타나는 cross-connection을 표현할 때 사용함.

면모상(綿毛狀, 羊毛狀, flocci, floccose) 버섯류의 자실체 갓 또는 대의 표면에 나타난 균사가 솜털(면모상) 또는 양털 모양인 것. 면, 플란넬을 닮은 것.

면역 글로불린(immunoglobulin) 면역 작용에 관계하는 단백질.

멜저 용액(Melzer's solution) 포타슘아이오다이드(potassium iodide) 1.5g, 아이오다인(iodine) 0.05g과 클로랄하이드레이트(choral hydrate) 20g을 증류수 20mL에 용해시켜서 만든다.

목질(木質, woody) 자실층의 육질이 나무의 조직처럼 단단한 상태로 되어 있는 것.

무성생식(無性生殖, asexual reproduction) 핵융합과 감수분열이 관련되지 않은 생식.

미로상(迷路狀, daedaleoid) 자실층의 주름살이나 관공이 불규칙하고 복잡하게 배열되어 있는 상태.

반구형(半球形, hemiglobose, hemispherical) 갓의 모양이 공을 반으로 잘라 엎어놓은 모양을 한 것.

반반구형(半半球形, convex) 갓이 활 또는 만두 모양으로 둥그스름하게 형성된 모양을 말하며, 폭이 높이보다 긴 상태.

발아공(發芽孔, germ pore) 포자의 정단에 있는 작은 구멍.

발아관(發芽管, germ tube) 짧은 균사와 같은 구조로 많은 종류의 포자가 발아 시 형성됨.

방사상(放射狀, radial) 중심에서 바깥쪽으로 우산살 모양으로 뻗은 모양.

방추형(放錘形, fusiform) 포자나 시스티디아의 양 끝이 좁아져 럭비공 모양을 한 것.

배꼽형(제형, umbilicate) 중앙 부위에 있는 배꼽 모양의 홈.

배꼽홈(umbilicus) 갓의 중앙 부위에 있는 배꼽 모양의 홈.

배꼽홈형(umbilicate) 갓의 중앙 부위에 배꼽 모양의 홈이 있는 것.

배우자(配偶子, gamete) 단상의 생식세포로, 유성생식 때 융합되어 수정이 일어난다.

배착성(背着性, resupinate) 자실체의 전체가 기주에 붙어 발생하는 것.

백색부후균(白色腐朽菌, white rotting fungi) 목질 중 주로 리그닌을 분해시키는 균으로 목질부를 점차 백색으로 변화시키는 균.

버터형(butiraceous) 갓의 표면이 버터의 표면처럼 매끄러움을 나타낼 때 사용하는 표현.

병자각(柄子殼, pycnidium) 보통 구형이거나 플라스크 모양으로 속이 비어 있는 구조를 하고 있으며, 비어 있는 내부에서 분생포자를 생산한다.

복숭아씨형(扁桃形, 아몬드형, amygdaliform) 복숭아씨(편도) 모양, 아몬드(almond-shaped) 모양(주로 포자의 모양을 표현할 때 사용함).

부착세포(附着細胞, appressorium) 평평한 균사조직으로, 작은 감염 기관이 기주의 표피세포 위에서 자라, 이를 뚫고 들어가는 기관.

부채꼴(扇形—, flabellate) 부채 모양인 것. 버섯류의 자실체 또는 시스티디아의 형태를 묘사할 때 주로 사용함.

분생자병속(分生子柄束, synnema) 분생자 자루가 다발로 뭉쳐져 신장된 포자 형성구조를 만든 것.

분생자 자루(分生子梗 또는 分生子柄, conidiophore) 체세포 균사로부터 자라 분지한 균사로, 그 위에 또는 측면으로 분생포자 형성 세포를 생산한다.

분생포자(分生胞子, conidium) 운동성이 없는 무성생식 포자로, 보통 분생자 자루 위에 형성된다.

분생포자 형성 세포(分生胞子形成細胞, conidiogenous cell) 분생자 자루 위에서 발달하여 분생포자를 형성하는 세포.

불완전균(不完全菌, imperfect fungi) 생식 수단으로서 분생포자와 같은 무성생식만을 하는 균류.

비아밀로이드(nonamyloid) 멜저 용액에서 버섯의 균사나 포자 등이 담황색 또는 투명하게 나타나는 것.

사물기생(死物寄生, saprophyte) 균이 죽은 기질을 분해하여 영양분을 섭취하며 살아가는 상태.

산호형(珊瑚形, Coral shape, coralloid) 자실체가 하나의 짧은 대에서 계속 작은 분지로 나뉘어져 산호 모양을 이루는 형태.

서식자(棲息者, habitant) 어떠한 장소에 자생하는 생물.

서식지(棲息地, 自生地, habitat) 서식 또는 자생하고 있는 장소.

석회질의(石恢質의, calcareous) 석회를 함유하고 있는(석회암 지대에서).

선(線, striate) 갓과 대의 표면에 방사상 또는 세로로 형성되는 줄.

섬모형(纖毛形, ciliate) 갓이나 주름살의 끝에 속눈썹 모양의 털이 있는 상태.

섬모(纖毛, fimbriate) 갓이나 주름살의 가장자리(끝 부위)에 미세한 분질 또는 술이 있는 상태.

섬유상(纖柔狀, 線形, filiform) 실 모양의, 실 모양으로.

섬유질(纖維質, fibrous) 자실체를 형성하는 가늘고 길며 실 같은 조직.

세연쇄형(細連鎖形, 세체인형, catenulate) 연쇄형보다 가늘고 미세한 형.

세체인형(세연쇄형, 細連鎖形, catenulate) 세연쇄형을 참조.

세포형(細胞形, cellular) 식물이나 동물의 세포처럼 둥근 세포로 구성된 균사로 된 조직을 일컬음.

소란자(小卵子, peridiole) 기본체가 바둑돌 모양으로 포자를 싸고 있으며 포자 분산의 수단으로 이용되며, 찻잔버섯류에서 볼 수 있다.

소담자기(小擔子器, basidiole) 어린 담자기, 담자기와 모양이 비슷하나 아직 담자뿔이 형성되지 않은 상태.

소둔거치형(小鈍鋸齒形, crenulate) 갓 끝 또는 주름살 끝이 둔거치형보다 가늘고 잘게 굴곡이 진 상태.

소병포자(phialoconidia) 작은 자루로부터 형성된 포자.

습성(習性, habitus) 일반적인 모양, 형상.

시스티디아(cystidium, cystidia) 담자균류의 자실체(갓, 대, 자실층 등) 표면에 나타나는 불임성, 다양한 모양의 말단세포.

아밀로이드(amyloid) 멜저 용액에서 버섯의 균사나 포자 등이 청색~흑청색으로 변하는 반응.

연골질(軟骨質, cartilaginous) 대의 조직이 단단하여 부러질 때 딱 소리가 나는 것.

연쇄형(連鎖形, 체인형, catenate) 균사는 짧고 상당히 넓은 세포로 구성되어 있으며, 격막이 있는 부위가 잘록하게 수축되어 있어 마치 체인처럼 생긴 것.

엽상체(葉狀體, thallus) 식물에서는 줄기, 뿌리, 잎의 구분이 없는, 비교적 간단한 식물체를 일컫는데, 균류에서의 엽상체는 영양 기간 동안의 형태를 나타낸다.

예형(銳形, 圓椎돌기, acute) 끝이 뾰죽한 상태를 나타내며, 버섯류의 자실체에 나타나는 불임성 조직으로 주로 시스티디아의 모양을 표현할 때 사용함.

요막형(尿膜形, 콩팥형, 소시지형, allantoid) 콩팥, 소시지 또는 강낭콩 모양으로 한쪽 면은 안쪽으로 약간 굽어 있고 다른 쪽 면은 바깥쪽으로 둥글게 굽어 있는 상태.

원추돌기(銳形, 圓椎돌기, acute) 예형을 참조.

원추형(圓椎形, conic) 갓의 중앙 부위가 뾰죽한 고깔 모양이며, 높이가 폭보다 긴 모양.

원통형(圓筒形, cylindric) 대나 포자의 모양이 같은 굵기로 원통을 이룬 것.

위(偽)아밀로이드(Pseudoamyloid) 멜저 용액에서 버섯의 균사나 포자 등이 적갈색~갈색으로 변하는 반응.

위유조직(偽柔粗織, pseudoparenchyma) 균사조직의 일종으로, 구성 균사들이 그들의 개별성을 잃어

버린 조직.

유구(有口, ostiole) 자낭과에서 목과 같은 구조로, 말단부에는 구멍이 있다.

유구형(類球形, subspherical, subglobose) 포자나 시스티디아 등의 모양이 한쪽으로 약간 길거나 짧은 구형.

유성생식(有性生殖, sexual reproduction) 배우자 간의 접합에 의하여 생식을 하는 것으로, 핵융합과 감수분열이 일어난다.

육질(肉質, 組織, flesh, context) 조직 참조.

융합(融合, 吻合, 脈管連絡, 側肝脈, anastomoses) 맥관연락을 참조.

이랑형(ridge) 갓의 하면에 포자가 형성되는 부분이 밭이랑 모양으로 주름이나 굴곡이 진 모양(꾀꼬리 버섯류).

2차기생(二次寄生, second parasitism) 성숙한 자실체 위에 다른 균이 침입하여 기생하는 것.

2차포자(二次胞子, second spore) 자낭포자의 격막 부분이 분열하여 각각이 개별적인 포자의 역할을 하는 것.

인피(鱗皮, scaly) 대 또는 갓 표면에 손거스러미 모양으로 끝이 뾰족하거나 뭉툭하게 갈라진 것.

일반균사(一般菌絲, generative hypha) 세포벽이 얇고 분지가 많으며 일반적으로 격막과 클램프가 있는 균사.

일년생(一年生, annual) 자실체가 1년 내에 생장을 완성하는 것.

자낭(子囊, ascus) 자낭균류의 특징으로, 보통 핵융합과 감수분열을 거쳐 형성되는 일정한 숫자의 자낭포자(보통 8개)를 포함하는 주머니 모양의 세포.

자낭각(子囊殼, perithecium) 정단부에 유구를 가지고 있으며, 자체의 벽을 가지고 있는 자낭과.

자낭균강(子囊菌綱, ascomycetes) 유성생식 포자로서, 일정한 숫자의 자낭포자를 자낭 내에 형성하는 균류.

자낭포자(子囊胞子, ascospore) 감수분열에 의하여 자낭 내에 형성되는 자낭균류의 유성생식 포자.

자실체(子實體, fruting body, carpophore) 버섯의 갓, 주름살, 관공, 대 등 전체를 말한다.

제1균사형(第1菌絲型, monomitic) 일반균사 한 종류만으로 구성된 균사.

제2균사형(第2菌絲型, dimitic) 일반균사와 골격균사 또는 일반균사와 결합균사 2종류의 균사로 구성된 것.

제3균사형(第3菌絲型, trimitic) 일반균사, 결합균사 그리고 골격균사로 구성되어 있는 것.

자실층(子實層, hymenium) 포자를 형성하는 담자기나 자낭이 있는 부위(주름살, 관공, 침상 돌기).

자실층사(子實層絲, trama) 버섯의 자실층 내부의 균사층.

자웅이주(雌雄異株, heterothallic) 유성생식을 위해서는 서로 다른 엽상체 위에 존재하는 화합성이 있는 배우자가 필요한 것.

자좌(子座, stroma) 자낭각이 배열된 곤봉 모양, 또는 반구형의 머리와 이를 지탱하는 대를 일컬음.

작은자루(小柄, phialide) 분생포자 형성 세포의 한 형태로, 출아성 분생포자를 생산한다.

접합균강(接合菌綱, zygomycetes) 다핵균사를 가지고 있으며, 세포벽은 키틴 성분을 함유하고 있고, 무성생식은 포자낭 또는 분생포자를 형성하며, 유성생식은 유산한 형태의 배우자간 접합에 의하여 접합포자를 생산하는 균류.

접합포자(接合胞子, zygospore) 접합균강에서 2개의 배우자간 융합에 의하여 형성된 휴면포자.

정기준(定基準, holotype) 최초 저자에 의해서 새로운 종의 학명을 위하여 사용하였던 표본으로서 저자에 의해서 지정된 표본.

정단(頂端, apical) 끝에, 끝쪽으로.

정단 고리(頂端−, apical ring) 자낭의 정단부에 존재하는 작은 점.

조개형(conchate) 버섯의 형태가 대합조개나 굴 모양인 것.

조직(組織, 肉質, flesh, context) 버섯 자실체의 각피 아래의 조직을 구성하고 있는 불임성 세포의 집합체로서 육안적 개념의 용어임(균사조직, trama 참조).

종형(鐘形, campanulate) 갓이 종 모양으로 된 것.

주름살(gill, lamella) 주름버섯류에서 갓의 하면에 포자가 형성되는 물고기 아가미 모양의 판.

중심형(中心形, centric) 대가 갓의 정중앙에 위치하는 것.

중앙볼록(혹상 돌기, umbo) 갓의 중앙 부위에 있는 혹 모양의 돌기.

중앙볼록형(혹상 돌기형, umbonate) 갓의 중앙 부위에 혹 모양의 돌기가 있는 것.

중앙오목형(concave) 갓의 중앙 부위가 함몰되거나 오목하게 되어 있는 상태. 접시 모양의 것[반의어 : 반반구형(convex)].

체인상(체인형, 連鎖狀, catenate) 균사는 짧고 상당히 넓은 세포가 연결되어 있으며, 격막이 있는 부위가 잘록하게 수축되어 있어 마치 체인(chain) 모양인 것.

총생(叢生, caespitose, cespitose) 자실체의 대 기부가 근접하여 매우 치밀하고 수북하게 발생하는 것.

출아세포(出芽細胞, blast cell) 무성생식 세포의 일종으로 효모류에서 발견되는데, 출아법에 의하여 세포가 증식되는 것.

측간맥(側肝脈, 融合, 吻合, 脈管連絡, anastomoses) 맥관연락을 참조.

측형(側形, lateral) 갓의 가장자리에 대가 위치하고 있는 것.

타원형(楕圓形, elliptic) 갓이나 포자의 모양이 길쭉하게 둥근 상태.

탁실균사(托室菌絲, capillitium) 포자낭 내에 있는 사상형 관공 또는 균사(말불버섯류).

턱받이(annulus, ring) 대와 갓이 성장하면 내피막의 일부가 대에 남아 막질의 반지 모양을 이루는 것. [annulate : 턱받이를 가진 또는 턱받이가 있는].

톱니형(serrate) 주름살 끝이 톱니 모양으로 되어 있는 것(잣버섯, 표고).

파상형(波狀形, undulate) 갓의 끝이나 주름살, 자실체가 불규칙한 파도 모양으로 형성된 것.

편도형(아몬드형, amygdaliform) 복숭아씨형 참조.

편심형(偏心形, excentrix) 대가 갓의 중앙 부위에서 약간 벗어난 위치에 있는 것.

폐포형(肺胞形, alveolate) 버섯류 자실체의 갓이나 대의 표면에 곰보 자국 모양의 홈이 파여 있는 상태.

포자(胞子, spore) 균류에서 종자의 역할을 하는 작은 번식 단위.

포자낭(胞子囊, sproangium) 주머니와 같은 구조로, 내부 원형질 성분 전부가 다수의 포자로 전환된다.

포자꼬리(pedicel) 포자의 기부에 형성된 가늘고 긴 대로서 말불버섯류에서 흔히 볼 수 있다.

포자배꼽(胞子臍, apiculus) 포자가 담자뿔에 부착되었던 부위로 포자의 기부에 유두상으로 돌출된 부위.

품종(品種, forma) 분류학적으로 종(species) 하위 계급의 분류 단위. 변종(variety) 하위의 계급으로서 유전적 변이보다는 환경 영향에 의한 변이로 추정되는 품종.

혹상 돌기(중앙볼록, 각정, umbo) 중앙볼록 참조.

후막포자(厚膜胞子, chlamydospore) 휴면포자로서의 기능을 하는, 두꺼운 벽을 가진 무성포자. [Lentinellus cochleatus와 Nyctalis의 포자]

휴면포자(休眠胞子, resting spore) 장기간의 휴면 기간을 거쳐 발아하는 두꺼운 벽을 가진 포자.

해면질(海綿質, corky) 조직이 코르크 모양으로 되어 있는 것.

학명 찾아보기

A

Abundisporus roseoalbus (Jungh.) Ryvarden ● 566

Agaricus bisporus Hongo ● 164

Agaricus campestris L. ● 192

Agaricus subrutilescens (Kauffman) Hotson & D. E. Stuntz ● 436

Agrocybe arvalis (Fr.) Singer ● 160

Albatrellus confluens (Alb. & Schwein.) Kotl. & Pouzar ● 86

Aleuria aurantia (Pers.) Fuckel ● 96

Amanita abrupta Peck ● 394

Amanita castanopsidis Hongo ● 478

Amanita castanopsidis Hongo ● 472

Amanita cheelii P.M. Kirk ● 440

Amanita fulva Fr. ● 328

Amanita hemibapha (Berk. and Broome) Sacc. ● 90

Amanita javanica (Corner & Bas) T. Oda, C. Tanaka & Tsuda ● 70

Amanita longistriata S. Imai ● 332

Amanita melleiceps Hongo ● 448

Amanita neo-ovoidea Hongo ● 556

Amanita pantherina (DC.) Krombh. ● 368

Amanita pseudoporphyria Hongo ● 404

Amanita spissacea S. Imai ● 382

Amanita spreta (Peck) Sacc. ● 444

Amanita subjunquillea S. Imai ● 316

Amanita virgineoides Bas ● 464

Amanita virosa (Fr.) Bertill. ● 352

Annulohypoxylon truncatum (Starbäack) Y.M. Ju, J.D. Rogers & H.M. Hsieh ● 542

Armillaria mellea (Vahl) P. Kumm. • 506
Asterophora lycoperdoides (Bull.) Ditmar • 538
Astraeus hygrometricus (Pers.) Morgan • 268
Aureoboletus thibetanus (Pat.) Hongo & Nagas. • 178
Auricularia auricula-judae (Bull.) Quél. • 116
Auricularia nigricans (Sw.) Birkebak, Looney & Sáanchez-Garcíia • 216
Auriscalpium vulgare Gray • 554

B

Baorangia pseudocalopus (Hongo) G. Wu & Zhu L. Yang • 330
Boletellus obscurecoccineus (Höhn.) Singer • 574
Boletus subtomentosus L. • 94
Bovista plumbea Pers. • 206
Bulgaria inquinans (Pers.) Fr. • 36

C

Calvatia craniiformis (Schwein.) Fr. • 110
Cantharellus cibarius Fr. • 60
Cerrena unicolor (Bull.) Murrill • 262
Chlorophyllum molybdites (G. Mey.) Massee • 468
Chlorophyllum neomastoideum (Hongo) Vellinga • 356
Clavaria fragilis Holmsk. • 38
Clavulina coralloides (L.) J. Schröot. • 128
Clavulina rugosa (Bull.) J. Schröot. • 196
Clavulinopsis miyabeana (S. Ito) S. Ito • 136
Clitocybe nebularis (Batsch) P. Kumm. • 336
Coltricia cinnamomea (Jacq.) Murrill • 591
Conocybe tenera (Schaeff.) Fayod • 576
Coprinellus disseminatus (Pers.) J.E. Lange • 523
Coprinopsis atramentaria (Bull.) Redhead, Vilgalys & Moncalvo • 456
Coprinus comatus (O. F. Müll.) Pers. • 492
Cordyceps militaris (Vuill.) Fr. • 264

Cortinarius salor Fr. • 452

Craterellus cornucopioides (L.) Pers. • 140

Crepidotus mollis (Schaeff.) Staude • 528

Crinipellis scabella (Alb. & Schwein.) Murrill • 588

Crocinoboletus laetissimus (Hongo) N.K. Zeng, Zhu L. Yang & G. Wu • 228

Cryptoporus volvatus (Peck) Shear • 302

Cyathus stercoreus (Schwein.) De Toni • 300

Cystoderma amianthinum (Scop.) Fayod • 198

Daedaleopsis tricolor (Bull.) Bondartsev & Singer • 550

Daldinia concentrica (Bolton) Ces. & De Not. • 585

Discina ancilis (Pers.) Sacc. • 418

Entoloma album Hiroëe • 470

Entoloma rhodopolium (Fr.) P. Kumm. • 398

Flammulina velutipes (Curtis) Singer • 218

Fomes fomentarius (L.) Gillet • 266

Fomitopsis pinicola (Sw.) P. Karst. • 294

Ganoderma applanatum (Pers.) Pat. • 296

Ganoderma lucidum (Curtis) P. Karst. • 276

Geastrum triplex Jungh. • 270

Grifola frondosa (Dicks.) Gray • 166

Gymnopilus liquiritiae (Pers.) P. Karst. • 378

Gymnopilus spectabilis (Fr.) Singer • 309

Gymnopus confluens (Pers.) Antonín, Halling & Noordel. • 118

Gymnopus dryophilus (Bull.) Murrill • 40

Gymnopus peronatus (Bolton) Gray • 516
Gyromitra esculenta (Pers.) Fr. • 364
Gyroporus castaneus (Bull.) Quéel. • 236

H

Hericium coralloides (Scop.) Pers. • 280
Hericium erinaceus (Bull.) Pers. • 78
Hydnellum concrescens (Pers.) Banker • 526
Hygrocybe calyptriformis (Berk.) Fayod • 144
Hygrophorus fagi G. Becker & Bon • 64
Hymenopellis radicata (Relhan) R. H. Petersen • 52
Hypholoma fasciculare (Huds.) P. Kumm. • 340
Hypholoma lateritium (Schaeff.) P. Kumm. • 32

I

Inonotus obliquus (Ach. ex Pers.) Piláat • 292
Isaria japonica Yasuda • 256

K

Kobayasia nipponica (Kobayasi) S. Imai & A. Kawam. • 578

L

Laccaria laccata (Scop.) Cooke • 188
Laccaria vinaceoavellanea Hongo • 148
Lacrymaria lacrymabunda (Bull.) Pat. • 212
Lactarius chrysorrheus Fr. • 344
Lactarius piperatus (L.) Pers. • 434
Lactarius subzonarius Hongo • 536
Lactarius volemus (Fr.) Fr. • 122
Laetiporus miniatus (Jungh.) Overeem • 496
Lentinula edodes (Berk.) Pegler • 222
Lepiota cristata (Bolton) P. Kumm. • 306

Lepista sordida (Schumach.) Singer • 170

Leucocoprinus birnbaumii (Corda) Singer • 530

Lycoperdon perlatum Pers. • 106

Lyophyllum shimeji (Kawam.) Hongo • 98

Lysurus arachnoideus (E. Fisch.) Trierv.-Per. & Hosaka • 414

M

Macrolepiota procera (Scop.) Singer • 208

Marasmius maximus Hongo • 210

Megacollybia platyphylla (Pers.) Kotl. & Pouzar • 486

Morchella esculenta (L.) Pers. • 483

Mycena alphitophora (Berk.) Sacc. • 594

Mycena pura (Pers.) P. Kumm. • 372

N

Neolentinus lepideus (Fr.) Redhead & Ginns • 502

O

Omphalotus japonicus (Kawam.) Kirchm. & O.K. Mill. • 350

Ophiocordyceps nutans (Pat.) G. H. Sung, J. M. Sung, Hywel-Jones & Spatafora • 260

Ophiocordyceps sphecocephala (Klotzsch ex Berk.) G. H. Sung, J. M. Sung, Hywel-Jones & Spatafora • 274

P

Panaeolus subbalteatus (Berk. & Broome) Sacc. • 320

Panellus serotinus (Schrad.) Küuhner • 202

Panellus stipticus (Bull.) P. Karst. • 130

Perenniporia fraxinea (Bull.) Ryvarden • 284

Phallus impudicus L. • 102

Phallus indusiatus Vent. • 112

Phallus luteus (Liou & L. Hwang) T. Kasuya • 74

Phallus rugulosus Lloyd • 544

Phellodon melaleucus (Sw. ex Fr.) P. Karst. • 548

Pholiota adiposa (Batsch) P. Kumm. • 480

Pholiota squarrosa (Vahl) P. Kumm. • 498

Pholiota terrestris Overh. • 360

Pleurotus citrinopileatus Singer • 76

Pleurotus djamor (Rumph. ex Fr.) Boedijn • 132

Pleurotus ostreatus (Jacq.) P. Kumm. • 82

Pluteus aurantiorugosus (Trog) Sacc. • 138

Pluteus leoninus (Schaeff.) P. Kumm. • 68

Podostroma cornu-damae (Pat.) Boedijin • 386

Polyozellus multiplex (Underw.) Murrill • 56

Polyporus arcularius (Batsch) Fr. • 512

Polypus dispansus (Lloyd) Audet • 560

Postia tephroleuca (Fr.) Jülich • 282

Psathyrella candolleana (Fr.) Maire • 184

Pseudocolus fusiformis (E. Fisch.) Lloyd • 152

Pulveroboletus ravenelii (Berk. & M. A. Curtis) Murrill • 312

Pycnoporus cinnabarinus (Jacq.) Fr. • 242

R

Ramaria aurea (Schaeff.) Quéel. • 454

Ramaria botrytis (Pers.) Ricken • 158

Ramaria flava (Schaeff.) Quéel. • 348

Ramaria formosa (Pers.) Quél. • 390

Ramaria sanguinea Corner • 422

Retiboletus nigerrimus (R. Heim) Manfr. Binder & Bresinsky • 324

Rhodocollybia butyracea (Bull.) Lennox • 124

Rickenella fibula (Bull.) Raithelh. • 562

Rugiboletus extremiorientalis (Lj.N. Vassiljeva) G. Wu & Zhu L.Yang • 180

Russula aurea Pers. • 46

Russula densifolia Secr. ex Gillet • 408

Russula emetica (Schaeff.) Pers. • 374

Russula flavida Frost • 534

Russula mariae Peck • 62

Russula nigricans Fr. • 510

Russula senecis S. Imai • 460

Russula subnigricans Hongo • 426

Russula virescens (Schaeff.) Fr. • 48

S

Sarcodon imbricatus (L.) P. Karst. • 488

Sarcodon scabrosus (Fr.) P. Karst. • 402

Schizophyllum commune Fr. • 581

Scleroderma areolatum Ehrenb. • 430

Scleroderma verrucosum (Bull.) Pers. • 412

Scutellinia scutellata (L.) Lamb. • 568

Sparassis crispa (Wulfen) Fr. • 254

Stereum ostrea (Blume & T. Nees) Fr. • 520

Strobilomyces strobilaceus (Scop.) Berk. • 42

Strobilurus stephanocystis (Küuhner & Romagn. ex Hora) Singer • 174

Suillus bovinus (Pers.) Roussel • 232

T

Trametes coccinea (Fr.) Hai J. Li & S.H. He • 246

Trametes versicolor (L.) Lloyd • 250

Tremella foliacea Pers. • 58

Trichaptum abietinum (Dicks.) Ryvarden • 288

Tricholoma matsutake (S. Ito. & S. Imai) Singer • 154

Tropicoporus linteus (Berk. & M.A. Curtis) L.W. Zhou & Y.C. Dai • 272

Tylopilus neofelleus Hongo • 570

Tyromyces sambuceus (Lloyd) Imazeki • 114

V

Volvariella volvacea (Bull.) Singer, in Wasser • 226

한국명 찾아보기

ㄱ

가라잎꽃애기버섯 • 516
간버섯 • 242
간송편버섯 • 246
갈변흰무당버섯 • 478
갈색고리갓버섯 • 306
갈색꽃구름버섯 • 520
갈황색미치광이버섯 • 309
갓그물버섯 • 312
개나리광대버섯 • 316
개암버섯 • 32
검은띠말똥버섯 • 320
검은망그물버섯 • 324
검은비늘버섯 • 480
고깔갈색먹물버섯 • 523
고동색광대버섯 • 328
고리갈색깔때기버섯 • 526
고무버섯 • 36
곰보버섯 • 483
구름송편버섯(구름버섯) • 250
국수버섯 • 38

굽은꽃애기버섯 • 40
귀버섯 • 528
귀신그물버섯 • 42
금관버섯 • 330
금무당버섯 • 46
기와버섯 • 48
긴골광대버섯아재비 • 332
긴꼬리버섯 • 52
까치버섯 • 56
깔때기버섯 • 336
꽃송이버섯 • 254
꽃흰목이 • 58
꾀꼬리버섯 • 60

ㄴ

나방꽃동충하초 • 256
냉이무당버섯 • 62
너도벚꽃버섯 • 64
넓은큰솔버섯 • 486
노란각시버섯 • 530
노란개암버섯 • 340
노란난버섯 • 68

노란달걀버섯 • 70
노란망말뚝버섯 • 74
노란젖버섯 • 344
노랑느타리 • 76
노랑무당버섯 • 534
노랑싸리버섯 • 348
노루궁뎅이 • 78
노린재포식동충하초 • 260
느타리 • 82
능이 • 488

ㄷ

다발방패버섯 • 86
단색털구름버섯 • 262
달걀버섯 • 90
달화경버섯 • 350
당귀젖버섯 • 536
대공그물버섯 • 94
덧부치버섯 • 538
독우산광대버섯 • 352
독흰갈대버섯 • 356
동충하초 • 264

들주발버섯 ● 96
땅비늘버섯 ● 360
땅찌만가닥버섯 ● 98

ㅁ
마귀곰보버섯 ● 364
마귀광대버섯 ● 368
말굽버섯 ● 266
말뚝버섯 ● 102
말불버섯 ● 106
말징버섯 ● 110
맑은애주름버섯 ● 372
망태말뚝버섯 ● 112
먹물버섯 ● 492
먼지버섯 ● 268
명아주개떡버섯 ● 114
목도리방귀버섯 ● 270
목이 ● 116
목질열대구멍버섯 ● 272
무당버섯 ● 374
미치광이버섯 ● 378
밀꽃애기버섯 ● 118

ㅂ
배젖버섯 ● 122
뱀껍질광대버섯 ● 382

버터철쭉버섯 ● 124
벌포식동충하초 ● 274
볏싸리버섯 ● 128
복분자버섯 ● 542
부채버섯 ● 130
분홍느타리 ● 132
불로초(영지) ● 276
붉은덕다리버섯 ● 496
붉은말뚝버섯 ● 544
붉은사슴뿔버섯 ● 386
붉은싸리버섯 ● 390
붉은창싸리버섯 ● 136
비늘버섯 ● 498
비늘새잣버섯 ● 502
비탈광대버섯 ● 394
빨간난버섯 ● 138
뽕나무버섯 ● 506
뿔나팔버섯 ● 140

ㅅ
산호침버섯 ● 280
살쾡이버섯 ● 548
삼색도장버섯 ● 550
삿갓외대버섯 ● 398
새벽꽃버섯 ● 144
색시졸각버섯 ● 148

세발버섯 ● 152
소나무능이 ● 402
손등버섯 ● 282
솔방울털버섯 ● 554
송이 ● 154
신알광대버섯 ● 556
싸리버섯 ● 158

ㅇ
아까시흰구멍버섯 ● 284
암회색광대버섯아재비 ●
404
애기무당버섯 ● 408
애기볏짚버섯 ● 160
양송이 ● 164
어리알버섯 ● 412
오징어새주둥이버섯 ● 414
옷솔버섯 ● 288
용종버섯 ● 560
원반버섯 ● 418
이끼버섯 ● 562
잎새버섯 ● 166

ㅈ
자작나무시루뻔버섯 ● 292
자주방망이버섯아재비 ● 170

자주색싸리버섯 • 422
작은맛솔방울버섯 • 174
잔나비버섯 • 294
잔나비불로초 • 296
장미자색구멍버섯 • 566
적색신그물버섯 • 178
절구무당버섯 • 510
절구무당버섯아재비 • 426
점박이어리알버섯 • 430
접시그물버섯 • 180
접시버섯 • 568
젖버섯 • 434
제주쓴맛그물버섯 • 570
족제비눈물버섯 • 184
졸각버섯 • 188
좀노란밤그물버섯 • 574
좀벌집구멍장이버섯 • 512
좀주름찻잔버섯 • 300
종버섯 • 576
주름버섯 • 192
주름볏싸리버섯 • 196
진갈색주름버섯 • 436
찐빵버섯 • 578

ㅊ
참낭피버섯 • 198

참부채버섯 • 202
찹쌀떡버섯 • 206
치마버섯 • 581

ㅋ
콩버섯 • 585
큰갓버섯 • 208
큰낙엽버섯 • 210
큰눈물버섯 • 212
큰우산광대버섯 • 440

ㅌ
턱받이광대버섯 • 444
털가죽버섯 • 588
털목이 • 216
톱니겨우살이버섯 • 591

ㅍ
파리버섯 • 448
팽나무버섯 • 218
표고 • 222
푸른끈적버섯 • 452
풀버섯 • 226

ㅎ
한입버섯 • 302

황그물버섯 • 228
황금싸리버섯 • 454
황소비단그물버섯 • 232
회색두엄먹물버섯 • 456
흙무당버섯 • 460
흰가시광대버섯 • 464
흰갈대버섯 • 468
흰꼭지외대버섯 • 470
흰둘레그물버섯 • 236
흰애주름버섯 • 594
흰오뚜기광대버섯 • 472

| 참고문헌 |

- 가강현, 박원철, 박현, 여운홍, 윤갑희. 2003. 홍릉수목원의 버섯. 63pp. 임원연구원.

- 가강현, 박원철, 박현. 2009. 홍릉수목원의 보물찾기 버섯 99선. 86pp. 국립산림과학원.

- 고평열, 김찬수, 변광옥, 석순자, 신용만. 2009. 제주지역의 야생버섯. 463pp. 국립산림과학원.

- 김양섭, 석순자, 성재모, 유관희, 차주영. 2002. 강원의 버섯. 355pp. 강원대학교출판부.

- 농촌진흥청 농업과학기술원. 2004. 한국의 버섯(식용버섯과 독버섯). 467pp. 동방미디어.

- 박완희, 이호득. 2003. 원색 한국약용버섯도감. 757pp. (주)교학사.

- 박완희, 이호득. 2005. 원색도감·한국의 자연 시리즈① 한국의 버섯. 508pp. (주)교학사.

- 양양군농업기술센터. 2002~2010년. 송이생태시험지운영결과. 농업기술센터.

- 조덕현. 2003. 원색 한국의 버섯. 436pp. 아카데미서적